职业教育应用型人才培养培训创新教材

U0215008

包装设计 案例教程

梁丽珠 陈辉 ◎ 主编

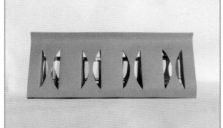

清华大学出版社

北 京

内 容 简 介

本书将包装设计与制作所涉及的抽象设计理论和具体实践能力分解、提炼并进行讲解。全书共分为6章，阐述了包装设计的基本原理，包装设计的前期工作，以及图形、文字、造型和材料对包装设计的影响，并通过企业真实案例、计算机软件操作与综合实践训练等环节对包装设计的发展新趋势进行了探讨，信息丰富，观念先进。本书注重设计实践的运用，加强培养学生的实践动手能力和解决实际问题的能力，帮助学生更好地把握包装设计的规律与特点，提高其动手能力和设计水平。

本书可作为职业院校包装技术、包装设计和艺术设计等专业的教材，也可作为相关培训教材及相关从业人员的自学参考书。

图书在版编目（CIP）数据

包装设计案例教程/梁丽珠，陈辉主编. —北京：清华大学出版社，2020.7（2023.1 重印）
职业教育应用型人才培养培训创新教材
ISBN 978-7-302-55636-7

Ⅰ. ①包…　Ⅱ. ①梁…　②陈…　Ⅲ. ①包装设计－职业教育－教材　Ⅳ. ①TB482

中国版本图书馆 CIP 数据核字（2020）第 101022 号

责任编辑：王剑乔
封面设计：刘　键
责任校对：袁　芳
责任印制：朱雨萌

出版发行：清华大学出版社
　　　　　网　　　址：http://www.tup.com.cn，http://www.wqbook.com
　　　　　地　　　址：北京清华大学学研大厦A座　　　　　　邮　　编：100084
　　　　　社 总 机：010-83470000　　　　　　　　　　　　邮　　购：010-62786544
　　　　　投稿与读者服务：010-62776969，c-service@tup.tsinghua.edu.cn
　　　　　质量反馈：010-62772015，zhiliang@tup.tsinghua.edu.cn
　　　　　课件下载：http://www.tup.com.cn，010-83470410
印 装 者：三河市龙大印装有限公司
经　　销：全国新华书店
开　　本：210mm×285mm　　　　印　张：8　　　　字　数：216千字
版　　次：2020年7月第1版　　　　　　　　　　　印　次：2023年1月第3次印刷
定　　价：69.00元

产品编号：074714-01

本书编委会

主　编：

　　陈　辉

副主编（以姓氏拼音为序）：

　　蔡毅铭　陈　健　陈春娜　戴丽芬　何杰华　黄文颖

　　李唐昭　梁丽珠　刘德标　吕延辉　孙莹超　徐　慧

委　员（以姓氏拼音为序）：

　　陈　爽　陈伟华　甘智航　龚影梅　黄嘉亮　刘小鲁

　　莫泽明　孙良艳　王江荟　吴旭筠　杨子杰　姚慧莲

前　言

本书以课程为载体，以教为轴线，与学互动，系统地展示了包装的设计过程。

包装设计与制作的先修课程包括美术基础、设计构成、计算机辅助设计Ⅰ（Adobe Illustrator）、计算机辅助设计Ⅱ（Photoshop）、图像处理与设计、图形创意设计、字体设计、企业形象设计、版式设计、书籍装帧设计、展示设计、综合造型基础等；同修课程包括平面广告设计、视频制作、网页设计等。

本书共6章，分别介绍包装的概念、传统包装、包装设计调研与定位、创新型包装结构设计、常规纸包装结构设计、包装视觉传达设计。这6章内容完整地呈现了包装设计课程的教与学，图文并茂，理论结合实际，包括包装理论知识的讲解、实际案例分析、作业完成要求、学生作业点评和问题讲解等。

第1章通过商业贸易的产生引出包装的概念。包装是为产品能够顺利交易服务的，包装具有价值和使用价值。只有围绕贸易产品这个中心点，才能帮助学生清晰地理解包装的概念。

第2章讲述传统包装。本章除了让学生进一步加深对包装概念的理解外，还让学生对中国传统包装风格有一定的认知，增加对中国传统包装的了解，为以后设计现代传统包装做准备。编者期望这些知识在他们心中能够生根发芽，设计出更富有中国传统文化特色的现代包装。

第3章讲述包装设计调研与定位，这属于包装设计的前期准备阶段。本章通过对设计调研方法和步骤的讲解，以及对设计调研资料的筛选和整理，推导出包装设计的方向定位。每个优秀的包装设计作品的背后都有深入、完整的设计调研与定位。包装设计调研与定位是包装设计创意的"指南针"，良好的设计调研与定位能够激发设计者无限的创意，也能够避免设计脱离现实、脱离真实产品和企业以及消费者的需要。包装设计调研与定位是培养设计师设计素养的重要部分。

第4章讲述创新型包装结构设计，这需要学生手与脑的完美结合，根据产品量身定做包装结构。在本章的教学过程中，并没有过多地强调对现有包装结构的案例学习，而是鼓励学生通过对产品的观察，尝试自己动手制作包装结构模型。编者认为，包装结构的设计可以摆脱现有包装结构的束缚，根据教师的引导，学生可以设计出各种富有独特创意的包装结构。本章会对学生作品创意、制作手工、实用功能、审美等方面进行介绍和点评。

第 5 章讲述常规纸包装结构设计，这是在创新型包装结构设计的基础上，加入了市面常见纸包装材料的讲解，并对纸包装结构知识进行补充。本章挑选出三类最常见的纸包装结构进行讲解，包括管式折叠纸盒、盘式折叠纸盒、粘贴纸盒，并详细介绍包装结构设计中可能遇到的问题，以及包装结构中各部分的专业术语，如插舌、让刀、主摇翼、副摇翼等。

第 6 章讲述包装视觉传达设计，包含标志设计、字体设计、辅助图形设计、平面展开图设计、包装成品的展示等部分，基本涵盖了学生前期所学的专业课程内容。在本章中，视觉传达设计的内容较多，教师的主要任务是帮助和引导学生，根据之前所做的设计调研与定位展开视觉传达设计，从上到下、由里到外，要求设计出风格统一、具有美感和实用功能的作品。本章需要学生在学习过程中认识包装视觉传达设计的各个组成部分，掌握各个部分展开设计的步骤及最终如何把各个部分设计整合在一起。包装成品的展示是通过摄影手段呈现出包装的成品效果，增加对成品的直观感受，为未来投身真正的设计工作做准备。

最后，感谢陈辉老师对本书编写所做的指导，感谢为本书提供作品的包装设计专业的学生，正是他们不懈的努力成为激励我编写本书的最大动力！

由于本人水平所限，疏漏和不足之处在所难免，敬请读者批评、指正。

编　者

2020 年 5 月

本书配套课件（可扫描二维码下载使用）

目 录

第6章　06　包装视觉传达设计　/76

DESIGN

第1章

包装的概念

导读：包装的概念作为包装设计课程的首要教学内容，要求学生正确掌握包装的概念，在众多的生活物品中能轻而易举地分辨真正的包装，能够利用自己的语言讲述包装的概念。

本章紧紧抓住商业、产品、包装的层层递进关系，通过讲述原始商业贸易的产生，阐述商业贸易中产品与包装的关系，引导出包装的概念。选择典型的包装案例进行讲解和分析，总结包装的三大功能和作用，进一步加深学生对包装概念的印象。最后根据当今社会对包装的要求，提出包装的三大设计原则，为学生展开真正的包装设计做前期知识储备。

1.1　包装的起源

　　原始社会的人类通过狩猎和采摘的方式获取食物，过着群居分食的氏族生活：每当遇到气候、环境变化或者人口数量增加，能够获得的食物数量往往不稳定、不平均，时而丰盛，时而匮乏，不能完全满足人们的需求，这种看天过日子、过度依赖自然环境获得生存资料的生活方式严重制约了人类的生存和发展。为了打破这道阻碍发展的屏障，在漫长的岁月里，人类通过观察掌握自然界中动植物的生长和活动规律，开始对部分动植物进行圈养和种植，随着养殖和种植经验的日益增长，人类能够获取的食物相应稳定，足以应对在固定的土地上的环境变化，从而过上较为安稳的生活（图 1-1）。

　　随着原始社会生产力的发展，社会分工加剧，劳动者生产的劳动产品除了满足自身的基本生活需求外，还产生了大量的剩余产品，产品所有者用剩余产品去交换其他所需产品，这便产生了最早的商业贸易形式——物物交换（图 1-2）。物物交换中间没有任何的中间媒介，是最简单的交换方式，通过交换，产品变成商品，实现其价值和使用价值。

图　1-1　　　　　　　　　　　　　　　　　　　　　　　　图　1-2

　　最初的交换是在自然条件不同、拥有不同产品的氏族、部落之间进行的，由氏族、部落的首领为代表，对外进行交换。传说黄帝时期已作舟车、修路、制定度量衡，为物物交换的顺利进行提供了条件。

　　在商品的贸易过程中，为了保护商品，使商品能够被成功地交易，包装便由此产生。

　　包装具有两个基本属性，即商品性和商品包装的从属性。包装是人类社会劳动的产品，在商品生产存在的条件下，它与其他劳动产品一样，具有商品性，因此与其他商品一样具有价值和使用价值。包装的使用价值是它在商品流通、消费过程中所承担的全部功能。由于包装是附属于商品的一种特殊商品，因此，它的价值和使用价值的实现与其包装商品的价值和使用价值的实现直接相关。包装的价值附加在商品上，在商品出售时得到补偿，而使用价值则要在商品消费时或者消费后才完全得以实现。包装的从属性是指包装从属于其服务的商品，是该商品的附属品。无论人们如何追求包装的完善，包装成本如何增加，它始终受到包装商品的制约。

1.2　包装的定义

包装是商品的附属品，包装和商品一样具有价值和使用价值。

包装可以是一次性的，也可以是持续性的。

由于包装是为了能够顺利地交易商品而服务的，一次性包装和持续性包装都是由商品被消费的时长决定的，商品被快速地消费完毕，包装也会随着商品被消费完毕而完成自身的使命。当包装完成其使命时，可以被丢弃，也可以作为普通的生活容器或者材料；反之，商品被消费的时间越长，包装也会跟随商品持续地发挥自身的作用。

当包装的使命结束，经过一段时间后，它再次为新的商品贸易服务，使包装又获得了新生。可见，包装的身份是随着商品的变化而变化的，所以，日常生活中所见的、拥有同样材质、造型、结构的容器，有时只是家里普通的盛载容器，有时则是为保护商品而为其贸易服务的包装，同样的物件在不同的情况下可以有不同的身份。

如果把包装与普通的生活容器融为一体，会大大增加学生对包装概念的理解难度。

以下摘取自《清代宫廷包装艺术》。

包装品，顾名思义是包裹和盛装物品的用具，因此，广义的理解，凡日用品和工艺品的盛装容器、包裹用品以及储藏、搬运所需的外包装器物，都属于包装品。如此，古代许多盛装食物、水酒、生活用品的包装容器，如编织物、木制品、陶瓷器、青铜器，只要是使用，而不是纯粹为了摆设、观赏，就都应属于包装品。但这样一来，包装范围就太广了，几乎可以囊括所有带实用性的工艺品，像盛水的陶罐、装酒的铜壶、放置衣服的木箱、放针线的竹篮等，这似乎会淹没包装品所独具的特性。

狭义的理解，包装品应兼具附属性和临时性两重性质。它是被包装物品的附属物，两者可以分离，并带有临时使用性质，用毕可以抛弃（当然也允许保留）。因此，一般的容器、盛器不应包括在内，如盛水、装酒、放食物的器皿等。它的主要用途是保证被包装物在保存、运输、使用过程中不受或少受损伤，以及便于运作，像捆扎物、包裹品、外装匣等，即属于典型的包装品。

诚然，广义和狭义的界限并非泾渭分明，而呈一定的模糊度和相对性，有些容器也可视为包装品，如装首饰的漆奁、盛佛经的经匣、置砚台的砚盒等，它们往往与被包装物合二为一，虽是附属物，却不具临时性，也不宜抛弃。

对于初学包装的学生来说，简单、清晰的包装定义能够帮助他们更好地完成包装设计。不同的学者站在不同的角度对包装有不同的定义，这里尽量选择最适用于视觉传达设计专业学生的定义：包装使产品能够顺利地为贸易服务，其所有的功能都要满足产品被顺利贸易的需求。以将被交易的产品为中心，除了能够清晰地界定包装的概念外，也使我们能更有针对性地展开包装设计。把日用品和工艺品的盛装容器、包裹用品以及储藏、搬运所需的外包装器物都当作包装品，容易使初学者以为生活中的万事万物都是包装。包装一旦失去了明确的服务对象，其所要满足的功能就会变得宽泛和模糊，难以展开有针对性的研究与设计。

人类生产力的不断发展，材料及工具的发现和创造，确实大大推动了包装的发展，普通生活容器、包裹用品与包装在人类发展历史长河里的演进是密不可分的，除了相互影响和推进以外，更是你中有我、我中有你。同样的物件在不同的情况下可以有不同的身份，当陶罐盛载的酒被生产者安全地带到购买者的面前，而购买者又能通过陶罐良好的密封和便携功能，顺利地把酒带走，那么陶罐便发挥了包装的作用。当陶罐里的酒水被消费完毕，陶罐作为包装的功能已经履行完毕，可以舍弃，也可以作为普通的生活容器盛载新的东西。

1.3　包装的功能和作用

为了使产品能够顺利地被交易，包装主要具有保护、方便、促销三大功能。

1.3.1　保护功能

保护是包装的首要和基本功能，包装在运输过程中能保护商品，使商品顺利地被交易。保护功能主要是防止商品变质、泄漏、损坏、损失。包装作为商品的亲密伴侣，对即将被交易的产品起到最直接和最重要的保护作用。贸易产品的属性各不相同，对包装保护功能的需求也不尽相同，如针对易挥发和流失的商品，要求包装有良好的密封性；对于食品包装，则要求包装材料干净卫生；对于动物包装，要求包装根据动物的特点，主要防止其逃跑、伤人；如果是易碎商品，则要求包装有良好的抗振和防碎功能。包装后的商品如何在陈列、存放时不受温度、湿度、空气、微生物、虫害、鼠害等因素的影响；购买者购买商品后，携带商品回家的过程中，如何减少环境、人为等因素可能造成的冲击和碰撞等，这些都体现了包装在商业贸易过程中对商品保护功能的实现。保护功能可体现为以下几种形式。

（1）防碎。防止商品破碎、损坏，是保护功能之一。对于玻璃、陶、瓷、鸡蛋等易碎商品来说，为防止其在运输过程中因颠簸、碰撞而损坏和破碎，一般会选择具有良好抗振功能的包装材料，结合商品的结构特点，实现包装的防碎、防振功能。

图1-3是功夫茶杯的防碎包装设计。该功夫茶杯价格低廉，在杂货店内可以被随意挑选。该学生利用牛皮纸作为包装材料，能起到较好的防碎作用，设计出新的纸包装结构，能够较好地固定功夫茶杯，结构空间紧凑、清晰明了，不必粘胶，能自己组装，节省成本。以3个杯子作为包装基本数量，顾客可以根据需要增加购买数量。

（2）防泄漏。即包装的密封功能。对于容易渗漏和挥发的液体、气体或者体积小、数量多的商品来说，需要包装结构细密，防止泄漏，甚至隔绝外界，保证商品不损失。要求包装的密封性良好，也是包装的保护功能之一。

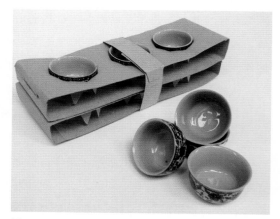

图　1-3

图1-4至图1-7是学生自创的茶叶品牌，名叫陈阿伯。陈阿伯茶叶的定位是乡下土茶，是一款传统与现代结合的茶叶包装。该学生为陈阿伯茶叶品牌设计了不同价格定位的茶叶包装，其中以这款中档茶叶包装最让人眼前一亮。纸盒的外包装里面用密封的塑料袋作为内包装，防止茶包受潮。长方体的包装结构简洁大方，易于取拿里面的茶包，也方便摆放和运输。明亮纯朴的色彩调子，搭配黑墨色图案，古朴的毛笔笔触，竖版品牌标签，都是传统风格的现代化设计。标签除了展示品牌信息外，也起到包装封口的作用，这种封口形式是卫生洁净的象征，同时也增加了顾客开封包装的仪式感。

图　1-4

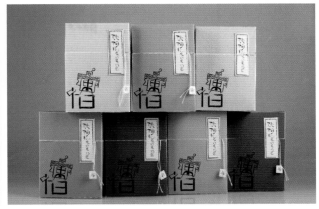
图　1-5

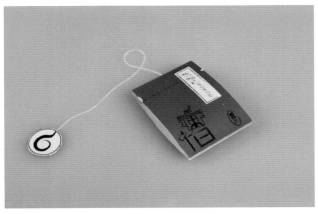
图　1-6

图　1-7

（3）保质。保护商品的质量。对于食用、饮用或与人的身体紧密接触的商品来说，包装的保质功能最为重要。让商品能安心为人所用，使商品免受包装本身和外部环境的侵害，在一定的时间里保持原来的质量，这是包装所必须满足的功能。

图 1-8 至图 1-10 是学生对佛山本土水牛奶品牌百富露产品包装的更新设计，沿用了市面上流行的密封包装材质，起到了良好的保质保鲜作用。最为突出的是其视觉设计，抛弃了一贯以牛奶的形象作为辅助图形，取而代之的是百富露品牌辛勤劳动的生产销售场景（图 1-9）；另外，统一使用几何图形作为辅助图形，大胆地以黑色作为底色，搭配色彩鲜艳的红、黄、蓝、白等颜色，十分夺目。

图　1-8

图　1-9

图　1-10

（4）卫生。销售包装能隔离或避免不卫生的因素，如病菌、害虫、灰尘对商品的污染。另外，应保证包装材料本身与产品接触时不会污染商品。

图 1-11 和图 1-12 是面包包装设计，学生使用卫生的食品包装——纸作为包装材料，给人以干净、整洁的印象，进而增加了顾客对面包的购买欲望。该面包的包装结构方便顾客随时拿取新鲜的面包享用，隔着包装也不会弄脏双手。在包装视觉设计上最突出的特点是单色的使用，黑白的视觉效果突出，同时节省了印刷成本。根据不同的面包产品所设计的产品辅助图形简洁、清晰，顾客选购产品时能一目了然，线与面形成富有节奏感的对比，画面简洁而不简单。

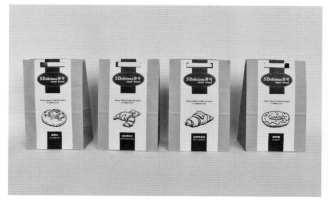

图　1-11

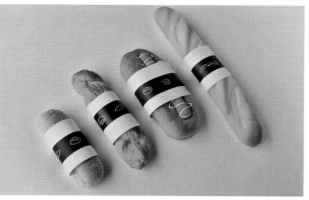

图　1-12

1.3.2　方便功能

方便功能是包装第二重要的功能体现，是在保护功能的基础上对包装进一步的功能要求，一般可分为以下几类。

（1）包装动作的方便。在包装商品时，能够使包装动作简单、方便，降低包装难度，提高包装的效率，增加经济效益。即使有现代化的技术，包装也不全部是机器的流水线生产，仍有人工加工的部分。另外，市面上很多小商店也需要更加灵活方便的简易包装来满足销售的需求。

图 1-13 至图 1-15 是一款应销售需求所设计的简易功夫茶杯包装设计。前面已经提到这款功夫茶杯的价格低廉，其包装材料是普通的瓦楞纸，不需要使用任何辅助工具，仅靠包装就可以使杯子直立不动，是出色的功夫茶杯包装。该包装利用纸结构自身的弹力形成自锁功能，把茶杯套住，不需要任何的粘胶，小店铺的卖家可以根据顾客的购买要求现场完成包装。

图　1-13

图　1-14

图　1-15

（2）携带方便。消费者购买以后，通过携带包装，就可以轻松地把商品带往目的地使用。包装的方便携带功能对于体积较大、路途遥远的顾客尤其重要，有时甚至成为购买商品的决定因素。

图 1-16 至图 1-18 是一款灵感来源于工具箱的便携包装设计，其结构新颖，让人耳目一新。包装内结构对于产品的摆放也很讲究，分别利用纸结构固定产品的两头，正反方向摆放，合理地利用了包装空间，同时产生了对称的视觉美感。美中不足的是纸材包装很难如工具箱般被持续地使用，只能作为产品单独型号的零售包装。

图　1-16　　　　　　　　　图　1-17　　　　　　　　　图　1-18

（3）取用方便。购买者使用商品时，打开包装取出商品这一过程应非常方便。对于需要反复取用的商品，取用的方便性极其重要，也会对使用者下次是否购买同样的商品产生影响。

图 1-19 和图 1-20 是一款有趣的美术铅笔包装内结构设计，其结构利用纸对笔进行固定，笔间有一定的间距，而且每支笔套入纸洞中有很好的固定作用，作为笔包装的内包装结构，能起到很好的避振作用，防止笔芯折断，而且其结构功能类似笔筒，可以短时间存放铅笔，方便外出写生时作为笔筒使用。另外，该结构取用产品方便，总体来说，该包装设计不失为一个大胆的笔包装结构。

图　1-19　　　　　　　　　　　　　　　　　　图　1-20

1.3.3　促销功能

包装的促销功能是包装在满足商品的保护和方便功能的基础上，对包装功能的最高要求。当商品经济发展到一定程度，对包装的促销功能要求也会提高。包装的促销功能一般可分为以下几个方面。

（1）品牌信息的传达。这是较高级的商品销售包装应该发挥的功能。为了建立产品形象，加大宣传作用，通过包装向顾客传达其品牌信息，增强顾客对商品的印象。

　　图 1-21 和图 1-22 是学生自创品牌，名为四两，是天然纯香樟木块的包装设计。四两的品牌名称与产品的重量相呼应，大有四两拨千斤的寓意，让人印象深刻。包装上完整的品牌信息、统一风格的系列设计能够加深消费者对于同一品牌的视觉印象。

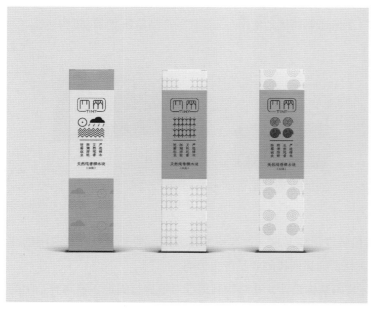 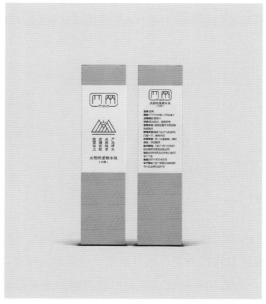

图　1-21　　　　　　　　　　　　　　　　　　　　　　　　　图　1-22

　　（2）产品功能的传达。包装是产品的无声代言人，通过镂空或透明的包装结构设计能够让顾客直观地了解里面产品的属性，也可以通过包装的视觉传达设计展示产品的功能和属性。

　　图 1-23 和图 1-24 是学生自创品牌——柒日的毛线包装设计。"期"与"柒"同音，是心含期待，将毛线赋予了温暖的含义。几何的波浪形辅助图形是根据毛线的造型设计而成，简洁清晰，内外包装设计给人的整体感更强，完整的产品信息让顾客一目了然。该包装设计有一个巧妙的地方，就是包装正面用贴纸留有小洞，如图 1-24 所示，毛线能够穿过小洞被抽取出来，这样的设计是考虑到编织毛线时毛线球不会因到处滚动而被弄脏。

 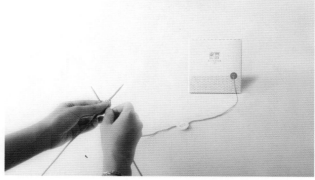

图　1-23　　　　　　　　　　　　　　　　　　　　　　　　　图　1-24

　　（3）咨询功能。随着近代商品经济的发展，包装的传达功能越来越完备，咨询功能便是其中的一个重要体现。分店的地址、电话号码、二维码等会被印在包装上，方便顾客对商品进行各方面的咨询。

1.4　包装的设计原则

包装具有三大设计原则，即实用、环保、审美。

1.4.1　实用设计原则

从视觉传达设计专业的角度看包装，包装与一般平面类设计（如广告、海报、书籍设计）有所不同，除了同样具有视觉传达功能外，包装被消费者实际操作和使用的需求更为突出。包装最重要的功能是实用，而不是观赏，只有满足被使用的需要，才是合格的包装设计。包装实用性的高低很大程度取决于针对产品的包装结构是否合理，是否能够满足产品的包装需求和买卖双方的使用需求。非专业的观点是，包装主要的功能是视觉审美，抱有这种设计观点的人往往会忽视产品包装被使用的真正需求，只把包装设计的重点投放在视觉设计上，这样设计出的包装就会成为随波逐流的设计作品。真正了解包装概念的专业设计师应该清楚包装的实用性原则是最重要的，也是最基本的设计原则。包装的所有功能都是为了商品能够顺利地被交易服务的，所以包装的保护、方便、促销三大功能都应该遵循实用性的包装设计原则。由于现代包装设计的发展，越来越多的设计师在包装的功能设计上缺乏创造力，只是简单地套用已有的包装模板，把设计重点放在视觉设计上，设计作品缺乏活力，难以激发消费者的共鸣和兴趣。消费者在购买商品以后，使用包装的过程中，体验的是包装的实用性，如果包装是持续性的，那么这种体验会更加深刻，实用性良好的包装能让消费者感受到设计师对用户的关爱，也会提升消费者对产品的好感，使产品获得更大、更持续的销售量。

1.4.2　环保设计原则

环保除了是中国的命题外，也是国际性、全球性的命题，联合国曾经为环保促成多国合作，达成多项环保协议。环保是 21 世纪赋予每一位新生代设计师的使命，环境的污染和破坏严重危害着人类的健康，铺张浪费的生活习惯已经不适合人类的生存发展，包装设计作为设计之一，理应承担相应的责任与义务。判定包装的好与坏，第二准则就是环保，环保是正义、高尚、道德、关怀的象征，在设计里体现环保的概念，除了展示设计师自身修养和素质以外，也能提升产品、品牌、企业的形象，从而获得更多的社会认同。

怎样的包装才符合环保的设计原则呢？

图 1-25 至图 1-30 分别是灯泡、帽子、茶杯、领带、夹子的环保包装设计，它们的设计特点分别如下。

（1）包装结构是针对产品而言的，结构空间应该合理和紧凑，没有预留过大而无用的多余空间。

（2）除了实用的包装结构外，没有使用过多的内外包装结构。

（3）包装所使用的材料符合产品的需求，使用环保材料，没有烦琐的印刷工艺。

（4）包装设计没有导致多余的生产流程。

（5）包装设计方便存储和运输。

（6）包装在使命完成后，还能回收或有其他的用途。

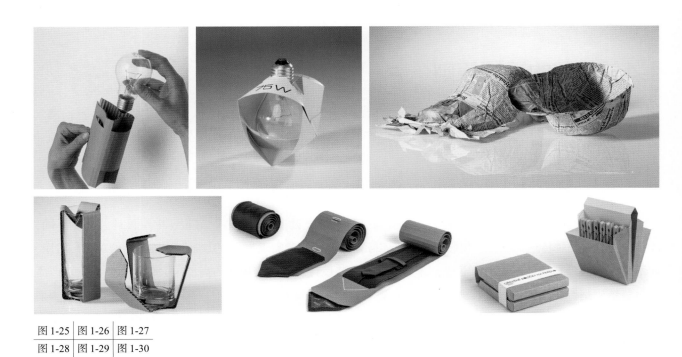

图 1-25 | 图 1-26 | 图 1-27
图 1-28 | 图 1-29 | 图 1-30

1.4.3　审美原则

　　包装除了要满足最重要的实用功能和履行环保的社会责任及义务以外，审美是第三重要的设计原则。审美是设计专业能力的基础。现代商品销售方式与传统商品销售方式有着很大的区别，现代超市、商铺分布在社会的每个角落，是人们购物的重要场所，商品琳琅满目地摆放在货架上供人们自由挑选，包装作为无声的销售者，吸引消费者购买，审美设计原则在现代商品销售方式中显得尤其重要。审美是从视觉上得到的一种享受，人们普遍认为，审美只是包装的外观上的图案、色彩、字体、排版等，容易忽视包装结构变化所呈现出来的美感以及材质和谐搭配所透露出来的韵意。

　　图 1-31 和图 1-32 是台湾老杨推出的凤梨酥及其包装，采用的是台农 17 号金钻凤梨，由美可特公司设计。其包装以凤梨的外观造型作为包装设计的创作来源，所代表的含义是"一整颗凤梨，新鲜奉礼"，除了强调为真实凤梨内馅外，独创的包装设计无论在包装结构还是视觉设计上都呈现出凤梨包装的美感，摆脱了市面上常见的形式。

图 1-31 | 图 1-32

包装的审美设计原则应该满足以下几个条件。

（1）包装结构所呈现出来的对称、韵律、对比的立体空间美感。另外，包装糊口的粘结是否自然，粘结处是否处理得隐蔽，不易被察觉。

（2）包装材质的搭配应该自然和谐，不同材料的搭配会展示出不同产品的属性。

（3）包装视觉部分的设计，包括文字编排设计、产品辅助图形设计、色彩搭配等。判断包装是否成功，往往以产品信息的传达是否精准到位，是否能够吸引目标消费人群的注意，增加其购买欲望为依据。包装的视觉传达设计是最表面的，也是最容易引起目标消费者注目的部分，往往成为部分人所认为的最重要的部分。

■**课程作业：**课后多观察，多总结，主动分辨眼前物品是否是包装，积累现实生活中各种包装的功能与特点。

DESIGN

第 2 章
传统包装

导读： 在整个包装设计课程中最重要的内容是包装的概念，其次是传统包装。有人会认为，传统包装随着时代的变迁很多已经不复存在，另外很多传统包装难以符合现代包装的生产标准，不能真正在市面上流通，没有必要再给予太多的学习和关注，这是错误和片面的观点。学习中国传统包装的目的最重要的是为未来的包装设计服务，即使很多传统包装已经不在经济发达地区流通，甚至完全消失了，但是传统产品是不会消失的，现代化的传统产品还是生机勃勃，它们仍然需要设计师设计出体现其传统内涵、韵味、特点的包装设计。学习传统包装并不是简单地复制和粘贴，而是借助学习了解传统包装的文化、特点、样式、结构等内容，再结合现代设计的新方式，设计出有中国传统文化特色的现代包装设计作品。同时，通过对中国传统包装的了解，加深对中国传统文化的认同和热爱。

传统包装包含了传统的概念、传统商品的种类及销售方式、传统商品的生产与制作、传统包装结构以及传统包装品牌等内容。

2.1 传统的概念

传统是人们从古至今，经历了岁月的洗礼，依然保留下来的精神文明和物质文明。传统文化所反映的是各个历史时期的民族文化对于社会的生产、生活和人们意识、道德等精神方面的密切关联度，它揭示了传统文化与社会发展进程的关系，而且涉及社会的各个层面和领域。

传统应该体现在精神和物质两个方面。

把传统拆分为精神和物质两个方面，并不是因为它们是左与右、上与下的对立关系，而是一个无法分割的整体，物质是精神的体现，精神促进物质的发展，两者你中有我，我中有你，相互促进，密不可分。

传统包装属于传统文化的一部分，也是以往漫长历史时期中，人类在生产、生活等各方面所逐渐积累起来的文明成果，是人类智慧的结晶，是当代设计人继承与发展包装设计的基础。

每种不同的民族文化造就了不同的设计风格，而珍视和继承自己的传统文化，保持文化的连续性，不仅是社会发展的需要，更是中国设计走向国际的需要。传统文化对中国社会政治、经济发展的影响以及对精神文明、物质文明和政治文明建设的推动或促进，起着不可替代的作用。

2.2 传统商品

2.2.1 商品的主要生产者

过去农民占据人口的主要比例，他们被束缚在土地上，过着面朝黄土、背朝天的农耕生活，农奴乃至个体农民的家庭经济是规模细小的男耕女织、农业与家庭手工业相结合的小农经济。他们的吃饭、穿衣两件大事基本上都靠自己动手，此外，还能制作一些自用的手工制品，须仰仗市场供应的主要是食盐、铁器、陶器等。农民生产的粮食、剩余的农副产品出售以后得来的钱主要是为了缴纳地租、赋税以及买回所需的生产资料及生活用品，是一种"为买而卖"的使用价值的生产。出售剩余的产品如余栗、余布、余帛等，往往在交换后才确定是商品，在此之前自给自足与商品性的比例不固定，两者可以转换。

另外，拥有生产技艺的手工业者大多是脱离了土地的农民，转身成为手工制品的制造者，除了自主生产制作手工制品外，也会受雇于拥有较多生产资料的商人，其生产主要是为了生存，而非致富。在封建社会里，农民、拥有技术的手工业者、拥有资本的商人是主要的商品生产者和买卖者。图 2-1 中从左到右分别是农民、手工业者、商人，这三类人对于社会商品流通起着重要的作用。

图　2-1

2.2.2　传统商品销售方式

传统商品的销售有流动和固定两种基本方式。

（1）流动的销售方式，要看该生产者生产产品的数量多少、气候和环境等状况，才决定是否加入到销售的行列，它可以是临时的，没有一定的规律性。图2-2是流动销售方式的一种——沿街叫卖，又称为"货声"，这种流动销售方式可以深入到偏远的乡村，各种各样的生活用品和食品都可能成为销售的对象。

图　2-2

（2）固定店肆一般有比较稳定的生产和销售规律。商品的来源可以是附近或偏远的，也可以是零散或集中的，商人们为了追逐利润把需要的商品采集起来，分销到不同的店铺进行销售，而店铺只负责销售，不负责商品的生产。前店后坊的销售形式可以根据店铺商品的销量情况来决定生产，这种方式比较灵活，销售和生产结合在一起，两者相互影响、相互促进。

2.3　传统包装的生产与制作

在封建社会里，社会物质匮乏，生产条件和生产力相对低下，社会的人口结构以普通百姓为主体，对于包装成本的考虑，都是以生产者和消费者能够承担的限度为基础，所以在包装材料上呈现节约、在功能上体现实用的特点。自然界中的稻草、水草、树叶、树枝、树皮、木材、竹、竹叶、藤、荷叶、葫芦、棉花、亚麻、泥等经过加工提炼成为传统包装的常用材料。

大部分零售包装的生产与制作都是买卖现场发生的，如果要购买白砂糖、盐、麻花等商品，商家会提供一张韧度足够的纸袋，装好顾客所需商品，然后一转一扎，便可带走。商家会根据顾客需要挑选商品的数量和种类进行现场包装，这是一个非常节省资源的过程，商品数量少，挑选小的包装材料，而整个包装商品的过程被顾客亲眼目睹，由于日积月累的熟练手艺，甚至成为一门艺术的展现，增加顾客对此商品的信赖度。同类商品一起存放，除了节省盛载的器具外，也增大了商品的陈列空间。如前店后坊的生产销售，随时可以观察店铺售卖商品的情况而控制生产，以免生产过多剩余产品。如图2-3所示，由于生产规模小，产品与包装的生产制作并没有严格的分工，所以包装的制作者可以是产品的生产者，也可以是商品的销售者，对于整个生产销售流程极其熟悉和了解。

图　2-3

有时为了降低商品的价格，包装甚至会被省略，只交易商品。使用临时工具盛载商品，等商品顺利完成交易后，临时的盛载工具不会被交易。临时的盛载工具除了可以由销售者提供外，也可以由消费者提供。

如图2-4所示，消费者自己带着空瓶子去酱醋店铺打酱油和醋。在商家是否提供包装的问题上，取决于商品的种类和包装所需的成本是否是消

图　2-4

费者愿意或能够承受的。一个能反复利用的容器，在过去普通农民家庭里是不会被丢弃的，这也是商家与顾客之间的一种默契。

2.4 传统包装结构

在传统社会里，包装的创作手法和艺术原则都是通过前辈手把手、身体力行地传授，是劳动出真知的传播方式。这种父传子、师传徒、婆传媳的传承大多都是家族式、乡间式、作坊式的，有着浓重的家长意识和世袭观念，在技艺传承及审美倾向上有着较固定的模式。在乡村里，人们有着共同的生活习惯和物质资源，一旦有新技术产生，几乎家家户户都会知道和学习，但一个村子里总有一两个技艺高超的人，有时人们为了方便，就会花钱请他们帮忙完成。

传统包装结构是古人造物智慧的体现。

传统包装材料取材自然，其包装结构顺应自然，利用自然，与自然融为一体，发挥创意，创造出具有实用功能、环保、美观的包装结构。

2.4.1 捆扎式包装结构

捆扎式是传统运输包装中最常见的包装结构，是一种节省包装材料的结构方式。捆扎包装的方式多种多样，有密集式的防碎捆扎，也有简单的便携捆扎，捆扎的密集程度是由商品的价格及易碎程度决定的。捆扎的材料主要是麻绳或草绳，有防碎、安全、便携等特点。

（1）如图 2-5 至图 2-7 所示，瓷器利用草绳严密地捆扎起来，包装结构与产品的造型完全贴合在一起，十分紧凑，具有良好的防振、防碎功能。除利用草绳作为商品包装外，还常使用木材作为商品的运输包装，木材作为包装材料具有悠久的历史。木材资源丰富，具有抗冲击、抗振动、易加工、价格经济等优点，把木材做成简易的箱子，既可以存放易碎物品，彼此也可以稳定地堆放在一起，从而节省空间。但木材易受环境和温度的影响而变形、开裂，并且易腐朽、易燃、易受虫害。不过，这些缺点可以通过恰当的处理消除或减轻。

图 2-5　　　　　　　　图 2-6　　　　　　　　图 2-7

（2）安全功能的捆扎式包装是针对有危险性的商品而产生的，即把具有攻击性的危险部分包装起来。图 2-8 所示的螃蟹包装是经典的捆扎式包装，这种包装技术看似简单，其实十分讲求技巧，技巧不够的包装者很容易被螃蟹伤到。这种包装材料廉价而节约，包装的安全功能好，保护顾客不会因为购买螃蟹而受到伤害。顾客把螃蟹带回家，洗净，隔水清蒸，捆扎螃蟹的草绳还能散发出淡淡的草香味。

（3）便携式的捆扎包装被广泛地应用到零售商品当中，商家根据商品的结构特点施展捆扎术。图 2-9 是典型的中秋月饼包装，常见的捆扎方法是围绕商品打 "十" "米" "井" 等字形或更复杂的特殊造型。对于捆扎方式的选择，除了考虑商品本身的结构造型外，还要考虑商品的重量，体重越重的商品，使用的包装材料越要牢固，捆扎的结构会更加复杂。除了体型和重量以外，还要考虑商品的个数，体型较大、数量单独的商品可以直接捆扎、提携。体型比较细小、零碎的商品，便携式捆扎包装结构一般只作为外包装使用。

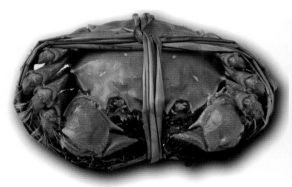

图　2-8

图　2-9

2.4.2　包裹式包装结构

包裹式的包装结构也是根据商品的贸易需求，呈现出多种功能，如卫生、安全、遮光、遮雨、防潮、透气、防漏、保温、防碎、防串味等功能。包裹式的包装材料一般选择纸、布、叶子等具有一定面积大小的材料。其中布料以棉、麻布料为主，叶子有荷叶、棕榈叶、竹笋叶、蕉叶、芦苇叶、柊叶、箬叶等。对于干燥零散的商品，纸包装首当其冲。以中药纸包装为例，在传统的中医药铺中，都有郎中为患者诊病并开出药方，药店的小二根据药方抓药，小二在桌面上铺开数张方形纸，并在数百个中药抽屉中选取中药，通过称量后分别将药材放到纸上面，再对纸张进行折叠和包裹，最后以绳子进行固定和提携。整个包装过程非常迅速和方便，而且纸包装的成本较低，是包裹式包装中经常使用的一种。

图 2-10 是云南普洱茶的包装。云南当地的人们利用笋壳包装普洱茶有着悠久的历史，人们采用当地盛产的野生大毛竹制作笋壳，其叶形瘦长、质感细腻、表面反复揉搓不开裂，且具有防潮、透气、清香的优点，是作为普洱茶整筒包装的首选。用笋壳包装普洱茶，可谓就地取材，成本接近于零。每年春夏间，竹林中笋皮老化，成片地自然剥落，茶农便将其收集起来，清洗干净，烘压定型之后便成为包装普洱茶的笋壳。笋壳表面常留有竹毛，容易把人弄得又痒又疼，因此，茶农在清洗笋壳时往往加上一道 "刷竹毛" 的工序，并且尽量挑选色泽均匀、形状整齐的笋壳，以保证美观。除了毛竹，还有云南甜龙竹、香竹、黄竹等都可用于制作笋壳。早年普洱茶或被入京进贡，或被远途贸易，跋涉耗时，颠簸崎岖，风霜雨露，这就需要有结实、防潮、避光的外包装。同时，普洱茶是需要呼吸和后发酵的，它要与空气有一定接触，不能密闭封死，因此普洱茶的包装材

图　2-10

料除了结实外，还要透气，笋壳包装便应运而生。

笋壳包装普洱茶基本依靠手工，熟练的师傅包一筒需要花费一两分钟。一般是七饼茶叠成一摞，用笋壳包裹之后，外边再用六道竹条箍紧。如果是其他规格如五饼一摞的，则箍四道便可。普洱茶的造型除了饼形外，还有坨形、砖形，笋壳包装的造型也会相应有所不同。普洱茶的外包装一般选择通风透气的竹篮、木箱等。

图 2-11

图 2-11 是广东的葫芦茶（又称竹壳茶）的包装，是以整片竹箨（竹壳）包扎成 5 个连珠葫芦状，底部贴上红纸标签，过去在广州市中药店悬挂出售，颇为引人注目，是广东民间凉茶之一。此茶用竹壳作为包装，里面是呈葫芦状的中药，每个葫芦可以作为分量单位。

如图 2-12 所示，"有味道"的包裹式包装结构常常在食品包装里出现。例如粽子，其包装材料一般会选择能够食用和香气浓郁的植物叶子，主要有芦苇叶、柊叶、箬叶等。经过蒸煮，使粽子散发出浓浓的叶子香气，香气与糯米融合在一起，让人食欲大开。

图 2-12

2.4.3 盛载式的包装结构

如图 2-13 所示，对于液态或易挥发固体，一般都会使用陶瓷包装，陶和瓷是密封性良好的包装材料，陶器的价格更低，在民间使用更为广泛，如水、酱、酒等商品一般会使用陶器作为承载的包装。瓷器的价格更高，制作更精美，被皇宫贵族所喜爱。

图 2-13

2.5 传统包装品牌

品牌的产生是社会商业贸易发展到一定程度，商业贸易竞争的结果。

包装上的品牌信息经过设计，在颜色、字体、排版上能吸引顾客，并能为顾客留下深刻的印象，方便顾客下次购买；同时，也方便了顾客对于有质量问题的商品进行追溯、维权。经历了产品的研发、销售无品牌的商品、销售有品牌的商品这 3 个阶段，每个阶段都是层层递进，这也是商业贸易竞争越发激烈所驱使的。品牌的产生是为了识别不同的商品和劳务。

图 2-14 是北宋年间的"济南刘家功夫针铺"包装广告宣传单及其铜板，铜板中间刻画着一只白兔正在捣药，上面用阴文写出醒目的"济南刘家功夫针铺"字号，从右至左写着："认门前白兔儿

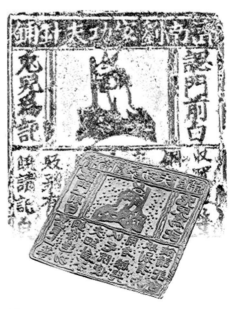

图 2-14

为记"，提醒顾客购买前一定要认准白兔这个商标记号。最下面写着："收买上等钢条，造功夫细针。不误宅院使用，转卖兴贩，别有加饶，谓记白。"意思是："我们使用了上等的钢条材料，用心用力去做细针，让它非常实用，如果批发购买，还可以有优惠价格。"这是一段宋代包装纸上的广告词，把店肆的生产、销售、优惠都作了推广介绍。从"井"字形的版式上看，"白兔捣药"图放在"井"字的中心，非常突出，这也说明商贾想通过图更直观地增加人们对其商标的印象。

图 2-15

图 2-15 和图 2-16 分别是佛山的陈太吉酒和潮汕的陈雪颜灵芝盒仔茶包装，这两款包装都是传统包装品牌典型的代表，展示了传统包装品牌样式。在品牌视觉设计上，为了促进销售，使用了红色作为底色，红色在中国传统里是寓意吉祥的颜色，吉祥色彩的使用是传统包装上的一项重要特征；而其品牌广告纸设计也是传统典型的竖版版式设计，是按照品牌信息的重要性来排版，产品的名称放在中间最醒目的位置，依次是品牌名称放在最顶上，再次是产品的功能信息放在中间的左右两边，最后是用最小号的文字书写商品的售卖地址和联系方式。除了色彩和版式外，

图 2-16

传统的印刷字体与现代字体是有明显区别的，传统的印刷字体是人工雕刻、人工印刷，展示出一种人工温情的美感，是现代计算机字体所无法代替的。增加对传统雕版印刷字体风格的了解，才能帮助我们在设计传统风格的包装时更加传神地表达传统产品的深厚内涵。

■**课程作业**：请寻找家乡的传统包装并拍摄照片，用 Word 文档对其材料、结构、功能等方面进行介绍、说明。

DESIGN

第 3 章
包装设计调研与定位

导读： 在学习包装概念和传统包装理论的基础上，学生已经对包装有了一定的理解，可以真正进入包装设计课题，而包装的设计调研与定位就是展开包装设计的基石，因为包装设计是为商品贸易服务的，而商品是为人服务的，要设计出合理的包装，必须对包装背后的产品及人进行深入调研。找出问题并提出解决问题的方案是包装设计的思路，设计不是闭门造车、天马行空，为了得到合理的设计依据，必须展开设计调研。

请根据课程大作业要求，选择设计调研方向。

课程大作业要求如下。

选择已有的产品包装或全新的产品，为其设计系列产品包装。

最少含有 3 种不同的包装结构，包装数量不少于 12 个，打印成品并拍摄照片。

方向一：针对已有的产品包装，通过设计调研对包装存在的问题进行改进，提升其包装设计。选择此方向的学生，务必客观审视自身的设计能力，慎重选择修改的包装对象，完成后的包装设计与原有设计对比，要有明显的提升。设计的内容包括包装结构、品牌标志、标准字体、包装辅助图形、包装平面设计展开图等。

方向二：针对全新的产品，通过调研设计出全新的包装。选择此方向的学生请务必在现实中寻找同类参考，同时展开设计调研与定位，切勿天马行空，异想天开。设计内容包括包装结构、品牌标志、标准字体、包装辅助图形、包装平面设计展开图等。

3.1　设计调研

　　设计调研，顾名思义，就是关于设计的调查和研究。设计调研从广义上泛指所有开展的与设计相关的调查和研究工作。狭义上是指通过人与人的互动或者人与物的互动，获得客观信息、数据，并加以分析和总结，为设计提供思路和依据。设计调查综合其他学科的成熟方法、法则以及设计学科特有的方法，以此得出具体事实与调查内容的关系，为设计师提供需求点反馈信息，以便进一步设计、开发符合用户需求的包装，这是设计展开的重要环节。

　　设计调研一般会具体到通过调研来解决设计上的问题。但设计感受本质上具有主观性和差异性的特点。设计调研与一般调研存在较为明显的区别，主要表现在设计调研在执行中，不仅需要涉及大量相关的设计理论知识，还需要融入经济、社会、文化、技术、潮流、审美等与之相关的大环境，融入用户或消费者的不同感知等。因此，设计调研是一个更为全面、综合、有针对性的调查和研究。

　　近年来，设计调研越来越受到整个设计行业的重视，成为设计专业应该具备的基本职业思维方式和行为方式之一，是设计师应具有的能力和知识，更是设计过程必不可少的步骤。设计调研能帮助设计者了解用户目标人群，明确是否符合用户的生理、心理需求，是否符合用户的使用行为习惯，是否符合可用性标准等。设计调研也能帮助设计师跳出以自我为中心的设计观念局限，从个人思维逐步换位到用户思维，逐步体谅、理解用户，了解用户对具体包装的功能需求、价值评定、审美观念等，明白具体设计内容，如何减少用户操作出错，如何减少用户学习认知负担等。

　　在欧美，设计调研也成为区分顶尖设计公司和普通设计公司的一个重要方面。顶级设计公司已经从单一的设计方案转型为提供思维方式和系统的突破点，提供市场的潜力需求和解决方案。顶级设计公司在重要设计案例上都采取"调查研究—分析—解决方案"的全流程方式，给出合理、可信服的设计方案。

　　通常，设计调研内容主要包括用户研究、市场信息调研、社会资源信息调研和技术信息调研等。

3.1.1　用户研究

　　用户研究是以包装的用户为中心设计的重要内容，也是设计调研的主要构成内容。用户研究主要包括对目标用户的基本情况调查（如年龄、性别、职业等），用户的主要需求，用户生理和心理特点，用户的审美要求，用户的生活方式，人机工程等多方面的调查研究。

　　用户关注的是产品及包装的购买目的、使用目的、需求和如何操作。要定位用户人群，发现用户的购买目的和需求，以此建立各种用户模型。用户模型包括用户心智模型、行为模型、学习模型、出错模型等，从而获得较为全面的信息。设计者可以通过用户研究洞察到各种潜在的用户需求，从而找到针对目标用户的设计创意。

3.1.2　市场信息调研

　　在这里的市场信息调研不同于以营销为目的一般市场调研，它更侧重于了解对市场上现有包装的设计现状、销售情况等，以此获得相关的信息，并从中发现潜在的设计需求，获得设计洞察。

3.1.3　社会资源信息调研

设计具有实用性、社会性，因此社会资源信息调研就必须涉及社会信息，它与社会学、人类学、行为学、美学、材料学等多个社会学科密切相关。

3.1.4　技术信息调研

技术信息调研为设计提供参考的依据，技术创新能为包装的创新提供无限的可能。很多概念设计都是新的技术在设计上的投射。技术信息调研包括对现有成熟技术、未来新兴技术在相关内容、包装设计中的应用调研，如印刷工艺和材料生产技术。

3.2　设计调研的流程

3.2.1　确定调研目标

确定调研目标是设计调研的第一步，也是最重要的一步，一般可以先围绕与包装关系最密切的产品展开，其次就是相关的用户、生产、销售、使用、技术、材料、社会、经济、人文、地理等，都可以成为调研目标。

3.2.2　选择正确的调研方法

在整个过程中，需要对调研需求进行分析，明确产品及包装目前所处的阶段，调研希望解决的包装问题及具体内容，同时初步确定调研将会采用的方法。

这里简单介绍几种常用的调研方法与方法组合。

1. 观察法

观察法是指研究者根据一定的研究目的，利用自己的感官和辅助工具直接观察被研究对象，从而获得资料的一种方法。观察法通常应用于调研初期，学生在确定包装设计对象以后，可以在特定的环境，如在产品的生产、产品的物流、产品的销售、产品的使用等情况，使用观察法进行观察，了解用户如何使用产品、何时使用产品及用产品做什么，及时对相关重要的信息进行记录，作为对包装设计最初的调研，以便重新设计包装。

观察资料举例：

地点：乐从 147 市场

观察对象：散装瓷碗的销售情况

A1：购买瓷碗的人可以分为两类，即较年轻的家庭主妇和年纪较大的中年家庭主妇，购买的主力以年纪较大的中年家庭主妇为主。

A2：来购买瓷碗的人都蹲下来，在地摊上挑选不同的碗，认真查看。

A3：选购瓷碗的人越来越多了，前面是蹲下来挑选的人，后来的都是弯着腰，要求摊贩老板把看中的瓷碗拿过来进行挑选。

A4：一次性购买瓷碗的数量较多，有的人购买10个左右，有的人购买20个左右。

A5：地摊老板拿包装把人们购买的碗垒起来，用报纸从头到脚裹住，再用透明胶固定报纸，最后装入一次性塑料购物袋，交给顾客。

A6：成交的瓷碗价格以单价2元左右的为最多。

这些观察和记录都是来自真实的销售者与消费者。这些真实现象都是包装设计调研的第一手资料。在这里，真实的销售者、消费者、地点、时间这四方面的真实保证了研究素材的真实性。

观察法多用于街头、商场店铺以及用户生活和使用包装情况的观察等，通常会通过直接观察并借用照相机、DV等获得第一手资料。其优点是可以客观收集资料，集中了解问题。不足之处在于有很多问题不能通过眼睛直接观察到或者是不能通过观察识别，如用户的兴趣、偏好、心理感受、态度等。

2. 单人访谈法

单人访谈法通常又称为深度访谈，往往用于需要对典型的包装体验者进行深入了解与需求挖掘，一般采用提问的交流方式。绝大多数研究都会使用访谈，因为观察虽然重要，但要真正了解人们对包装的体验，就必须进行提问。学生可以挑选典型的被访者，进行有针对性的访谈。

题目举例：

A1：为何会购买这个商品？

A2：你认为这个商品的包装好用吗？

A3：你认为这个商品的包装重要吗？为什么？

A4：在选择不熟悉的商品时，包装的哪些因素能决定你选择购买此商品？

3. 焦点小组

相对于单人访谈，有时研究会需要多人同时访谈，它有个大家熟悉的名字叫作"焦点小组"。在日常的工作中，研究者也常常这样说："开座谈会讨论一下吧。"焦点小组的方法就是一种座谈会的形式。之所以强调焦点，是因为焦点小组集中在一个或者一类主题，用结构化的方式揭示目标用户的经验、感受、态度、愿望，并且努力客观地呈现其背后的原因。

学生们可以根据需求拟定10条左右与包装体验有关的问题，挑选6~8位产品包装用户，围坐在一起进行访谈，并且把整个过程通过录像、录音记录下来，然后整理出文字和图片资料，作为包装设计调研的一手材料。

4. 问卷法

问卷法又称为问卷调查法，是指调查者通过统一设计的问卷来向被调查者了解情况、征询意见的一种资料收集方法。情境法、单人访谈法和焦点小组等定性方法能表明人们使用产品和包装时为什么会有特定的行为，但不能准确地从一般用户人口属性中区分出用户的特点。问卷调查是发现用户是谁和他们意见的最佳工具。

题目举列：

A1：您的性别是：（1）男　　（2）女

A2：您的年龄是：＿＿＿＿岁。

A3：您的职业是＿＿＿＿＿＿＿＿。

A4：您一般到哪里选购日常用品？

　　　A. 集市／路边地摊　　　B. 市场　　　　　　　C. 附近的小商店　　　　　D. 大型的超市

A5：您是怎么把购买到的、数量较多的日常用品带回家的？

　　　A. 自备购物袋　　　　B. 自备购物推车　　　C. 购买一次性购物袋

A6：请您谈谈在同类商品比较中，哪些因素让您做出购买决定？

答：＿＿＿.

A7：请您谈谈，是什么原因驱使你选购最新商品的？

答：＿＿＿.

在设计调研中，通过对用户以及其他相关人员（如销售者、购买者、设计厂商等）进行访谈和问卷调查，可以收集到多方面关于设计的想法和使用反馈信息等。问卷法除了实地发放问卷外，为获得更多、更全面的资料，调查者还会采用网络问卷形式，通过互联网可以发放、收集到大量的问卷样本，从而尽可能地顾及各个方面可能的用户需求信息和使用反馈信息。

5. 自我陈述法

自我陈述法通过个体对包装使用过程和使用经历的回顾进行描述，研究者从中获取素材。自我陈述可以谈话等口头形式进行，也可以利用文字书写进行。由于人们在自我陈述经验想法时很容易夸大事实，所以自我陈述法可以与其他的调研方法结合在一起使用。

对于一些年纪较小如 3 岁左右的幼儿，比较难以流畅地自我陈述，可以求助身边亲近的人，在幼儿使用包装后，帮助和引导幼儿完成口头表述。

也可以挑选合适的包装用户，利用摄像机把用户的使用过程记录下来，并对用户的自我陈述进行录音，整理出图片与文字资料。

6. 实验法

实验法又称实地实验法，是社会心理学研究方法中的一种，是指在实验室之外、真实的、自然的社会生活实际及情境中进行的社会心理学的研究活动。现场实验法由于其及时性、真实性和有效性，已成为社会心理学方法中的一个重要类型。

实验法举例：

为什么雀巢的咖啡杯是红色的？这来源于美国一家咖啡店的现场实验结果。美国一家咖啡店准备改进咖啡杯的设计，为此，他们特地进行了现场实验。首先，他们进行的是咖啡杯造型的调查。他们设计了多种咖啡杯，让 500 个家庭主妇进行观摩评选，研究主妇们用干手拿杯子时哪种形状好；用湿手拿杯子时哪种不易滑落。调查研究结果为选用四方长腰果形的杯子。然后，他们对该形状的杯子进行现场实验，选择了颜色最合适的咖啡杯。他们的方法是，首先请了 30 多人，让他们每人各喝四杯相同浓度的咖啡，但咖啡杯的颜色分别为咖啡色、青色、黄色和红色 4 种。试饮的结果是使用咖啡色杯子的人都认为"太浓了"的占 2/3，使用青色杯子的人都异口同声地说"太淡了"，使用黄色杯子的人都说"不浓，正好"，而使用红色杯子的 10 人中，竟有 9 个人说"太浓了"。根据这一调查，该咖啡店里的杯子以后一律改用红色杯子。该店借助颜色，既可节约咖啡原料，又能使绝大多数顾客感到满意。结果这种咖啡杯投入市场后，与市场上其他公司的产品开展激烈竞争，以销量比对方多两倍的优势取得了胜利。

实验法是设定特殊的实验场所、实验流程来进行调查，较多地运用在对创意设计的可行性调研以及检测和执行数据收集的过程中。通常情况下，实验法相对于其他调研方法有较高的要求，需要提前做好实验规划安排，才能有效地展开设计调研。虽然学生由于时间、金钱、环境、人脉种种制约，大型的实验难以实现，但是小型、有针对性的实验还是可以尝试的。

3.3　同类包装研究

对同类包装的研究分析是设计师自我学习、自我提升的一种重要方法。当学生准备展开包装设计时，除了学习网络上最新发布的包装设计案例外，更应该观察生活中的各类包装，因为网络上看到的图片是平面的，没有对立体包装进行多角度的展示，只能看到别人最想展示给你看的一面，想要快速了解包装，最直接的方法就是把它拿在手上，观察包装的设计特点、信息所包含的内容、选用了何种材料，分析其结构的作用。当我们正在购物或者已经购物，就是在与包装打交道，如果时常对身边的包装多一分关注，就很容易获得大量的包装设计信息，从而理解包装到底是什么，具备哪些基本要素。经过长时间的积累，就可以总结出同种类产品包装从材料、结构到外观上的相似之处也就是同类包装的共性，这些共性都是经过长年累月得出的结果，它在一定程度上符合消费者的使用需求。对这种共性的认识，使消费者只需要瞟一眼就能分辨出包装里面的产品属性。

当然，习惯这种同类包装的共性也是有缺点的，超市里面浩瀚的同类商品被摆放在商店的货架上，被包装的产品在无声地向消费者推销"自己"，同类包装的产品彼此呈现出来的设计感觉相似，便很难从竞争中脱颖而出，成为消费者关注的对象。再者，过度依赖对现有同类包装共性的学习，习以为常的心态也容易导致设计师在设计和创意上的惰性，疏于发现原来包装的不足，懒于突破局限。

但是对于初学者而言，在确定包装对象以后展开设计的前期调查里面，对于同类包装相似特征的研究分析能使你快速掌握该类包装在结构设计和视觉设计上的特征、特点。所以，一旦确定了包装对象以后，学生们就可以对市场上的同类产品包装进行分析研究，以便快速地掌握该类产品的包装共性。

3.3.1 咖啡包装

图 3-1 至图 3-4 是咖啡包装。咖啡是用经过烘焙的咖啡豆制作出来的饮料,与可可、茶同为流行于世界的主要饮品。随着中国市场的开放,咖啡或咖啡制品已经走进中国的千家万户,人们常常使用"咖啡色"去描述与咖啡相近的褐色,可见咖啡的形象已经深入人心。

咖啡的产品包装在用色上经常使用与咖啡相近的颜色,如浅土黄色、褐色、普蓝色、黑色等,而牛皮纸的浅土黄色被广泛使用在包装设计上。以上列举的颜色不但能让消费者联想到咖啡的颜色,传达出咖啡的信息,也能让消费者有咖啡味觉的想象。

咖啡豆包装除了通过色彩传达产品信息外,产品文字信息的传达也是重要的部分,文字信息的设计按照信息的重要性进行排版设计,第一信息,第二信息,第三信息……结合视觉上的美感,设计出内容清晰、层次丰富,又具有美感的版式设计。

咖啡的包装结构有罐装和袋装,罐装的包装材料主要有金属和玻璃两种,而袋装的包装材料比较多,一般采用复合材料。由于咖啡豆在烘焙后仍会不断地向外释放二氧化碳,到达一定程度时就会把包装撑破。针对这个问题,咖啡豆(粉)包装结构上都会设有单向气阀。当二氧化碳达到一定的压力后,通过单向气阀排出,就能解决二氧化碳排放从而保存好咖啡豆。袋装结构一般采取自立式,而封口结构主要有风琴式、拉链式、夹口条式 3 种形式。

图 3-1

图 3-2

图 3-3

图 3-4

3.3.2　橄榄油包装

橄榄的形象随着橄榄油的营养价值高而广为流传，为世人所熟知。图 3-5 至图 3-8 是橄榄油的包装设计案例，其最大的共同点就是包装呈现出来的颜色是橄榄果实生鲜的墨绿色。一般在较远距离以外，人们只会对物品的颜色有感觉，这是人们的第一感觉，任何图形和文字设计都是在近距离的情况下才能分辨出来，所以颜色是准确表达产品属性的第一步。除了主色使用橄榄果实的颜色外，包装视觉传达设计的颜色一般都会采用与主色搭配和谐的同类色。由于橄榄油价格比一般的食用油要贵，所以很多橄榄油的分量比较小，更多地采用玻璃瓶或者铁罐装，这样显得橄榄油洁净而高档。

图　3-5　　　　　图　3-6　　　　图　3-7　　　　　　　图　3-8

3.3.3　巧克力包装

图 3-9 至图 3-20 是巧克力包装设计。虽然包装视觉设计上有较大的差异，但也能找出其中共性的地方，就是以纯色标签编排在色彩丰富的包装辅助图形上，通过色彩的对比，突出标签上的品牌和产品信息。另外，最大的共性之处是包装巧克力所呈现出来的结构造型，市面上巧克力的造型有球形状、扁平颗粒状、扁平方块状以及各种异形形状，其中以扁平方块状最为经典，而其包装材料则多选择由简单的内包装（铝箔纸）和外包装（印刷纸）组成，所以无论外包装的视觉设计有多么标新立异，只要消费者看到这个扁平的包

图　3-9

图　3-10

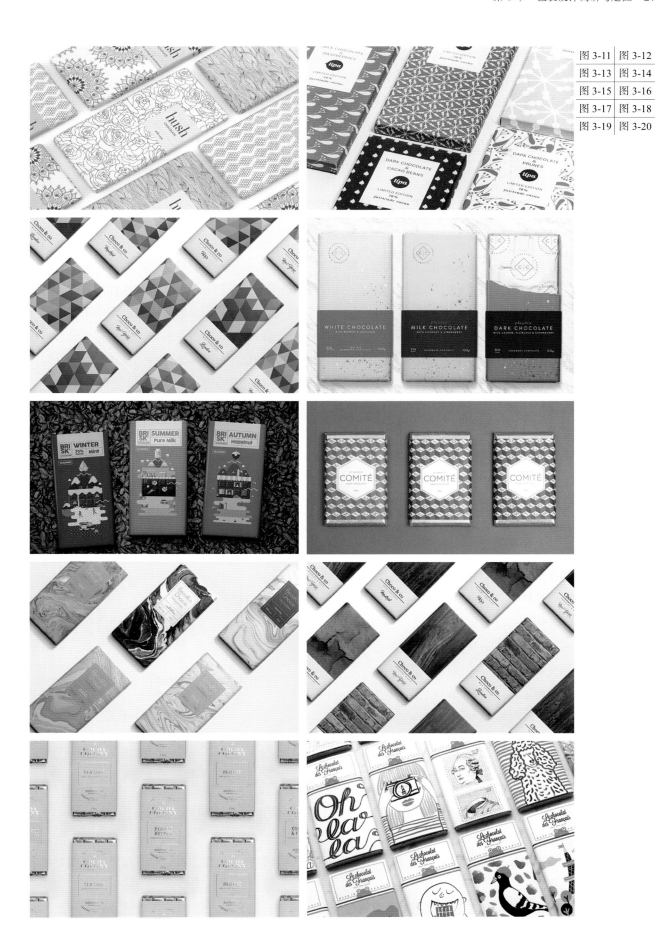

装造型和材料，便能知晓里面的商品是巧克力。内包装是由铝箔衬纸与铝箔裱糊粘合而成的纸，质软且容易变形，如纸一样，而且变形后不反弹、可以定性、保证遮光、不会掉落、不透光、无污染。巧克力在30℃左右会熔化，铝箔纸作为包装巧克力的内部包装，既卫生又遮光，变形后与巧克力紧贴在一起。外包装一般选用克数较低、比较薄的铜版纸。方块状的巧克力造型突出，容易分辨其产品种类，所以在外包装的视觉设计上，并不需要特定地展示产品的真实图像。

3.4 设计定位——调研结果的整理、分析

设计调研所收集到的资料是大量的、零散的，甚至是过时的、片面的，是感性认识层面的，是对事物表面现象的反映，通常不能直接用于分析或说明问题。只有通过科学的整理和分析，才能从感性认识上升到理性认识阶段，为设计和判断提供依据和支持。因此，调研资料的整理分析具有承前启后的重要作用。

在把信息资料进行整理分析时，一方面可以把在调研中发现的问题加以解决，另一方面在整理分析过程中也可能有不一样的发现，产生更多的设计洞察。另外，整理分析的结论、结果也能得到设计洞察，并为设计的展开提供依据和参考。因此，调研资料的整理、分析工作就显得尤其重要。

调研信息、资料的整理应根据调研目的、任务和要求进行科学加工，使之系统化、条理化，从中得出有意义的结论、结果。通常会采取各种图表形式进行直观呈现，无论是文字内容的表述，还是数据的对比分析，都有助于设计洞察的产生。

为帮助学生更好地整理调研结果，可根据调研资料回答以下问题。

（1）品牌名称。

（2）产品名称。

（3）产品的产地。

（4）产品的价格、档次。

（5）产品的属性特点。

（6）产品的结构特点。

（7）产品的材质特点。

（8）产品的视觉特点。

（9）产品的销售区域。

（10）产品的销售对象。

（11）销售对象的共同点。

（12）销售对象购买产品的情况。

（13）销售对象使用包装的情况（可以从销售对象使用包装是反复使用还是一次性的，在使用过程中有没有遇到什么麻烦，或者销售对象对包装的使用功能具体有哪些要求、愿望等方面进行回答）。

（14）销售对象选购商品的决定因素。

（15）通过设计调研，您认为该包装怎样设计最为恰当？请从材料、结构、视觉等方面进行详细、具体地列点说明。

（16）请挑选你认为有借鉴意义的3款优秀的包装设计案例，对其优点进行分析说明（图文并茂，要

选择清晰度较高的图片，图片复制另存一份用文件夹装好，案例图片标号，在 Word 的后面列出图片网址出处）。

　　调研结果举例。因为学生是第一次尝试包装设计调研，为了帮助他们更高效高质地呈现调研结果，分别选取了"千色"和"至艾"的设计调研作业作为例子。

案例 1

　　1. 品牌名称：千色。

　　2. 产品名称：千色。

　　3. 产品的产地：北京。

　　4. 产品的价格、档次：24 色，130 元左右；36 色，230 元左右；48 色，330 元左右；属于中高档。

　　5. 产品的属性特点：高品质水溶性铅笔，高质量颜料铅芯，中性硬度，直径 3mm，具有良好的抗振性，笔杆颜色与笔芯同色，颜色艳丽。

　　6. 产品的结构特点：产品采用优质木材，笔芯与笔杆紧密结合，易削，杆型均匀，无偏芯。

　　7. 产品的材质特点：铅芯采用矿物质原料，中等硬度，色彩鲜艳，安全环保。笔芯采用 3mm 加粗彩芯，涂色时更容易叠色覆盖，使用寿命也随之延长。

　　8. 产品的视觉特点：笔杆颜色与笔芯同色，颜色艳丽。

　　9. 产品的销售区域：北京、广州、深圳等，国内一、二线城市的文具店、超市。

　　10. 产品的销售对象：绘画爱好者、职业插画家、设计师、平面设计与景观设计专业等学者、从事与绘画职业相关工作的群体。

　　11. 销售对象的共同点：爱好绘画，专业能力较强，对于绘画工具要求较高，追求个性化的时尚产品。

　　12. 销售对象购买产品的情况：大盒装，平均一次购买一盒，一般购买一盒 24 色或 36 色居多，平均一年购买一次。补充装：一般一次购买 2~3 支彩铅为主，平均 3~5 个月购买一次。

　　13. 销售对象使用包装的情况：一般销售对象使用的包装都是选择反复使用的。在使用过程中，遇到的麻烦有：①包装不能很好地把彩铅固定，每次打开包装，里面的彩铅就会很混乱；②包装不能很好地盖紧，里面的彩铅都会掉出来。销售对象对包装的要求：包装能保证里面的产品不掉出；能把每支彩铅都固定好，防止彩铅摆放混乱；期望有更多的小功能能方便使用者使用，例如，不仅是包装那么简单，而且还可以有些实用性，如笔筒、收纳盒、画板等。

　　14. 销售对象选购商品的决定因素：产品的质量、该产品包装的设计、商品的价格。

　　15. 通过设计调研，您认为该包装怎样设计最为恰当？

　　材料上：我认为包装应该选用较厚的纸作为材料，因为材料如果选用较薄的纸，则不易于被反复使用，而且很容易被里面的彩铅弄破。

　　结构上：每个包装结构都有其自身的用途特点，实用性强（我希望不仅是包装那么简单，而且希望能通过自己的设计赋予包装一些实用性的功能，如笔筒、小画板、笔帘等）、方便携带、具有美感，方便购买者根据自身的使用特点进行选购。

　　视觉上：产品离不开包装设计的视觉呈现，包装设计在主要元素的表现上充分体现出品牌的理念，颜色上色彩搭配鲜明，能够充分体现出产品的独到之处。确立了基本的品牌基调后统一设计语言，让各个不同结构的包装既独立又互相统一，用简洁的视觉语言统一不同结构的包装形态是视觉设计上的难点，也是必须要克服的问题，求同存异，整体而又具有强烈的品牌特性，这是我所希望达到的包装视觉设计上的理想状态。

16. 请挑选你认为有借鉴意义的 3 款优秀的包装设计案例，对其优点进行分析说明（图文并茂）。

（1）图 3-21 至图 3-24 是俄罗斯设计团队 The Bold Studio 为了表扬当地数学家 Grigori Perelman 所作出的贡献特别打造出的一盒别致的铅笔包装。团队将 Grigori Perelman 的肖像分成多个部分印在铅笔的包装上，把铅笔盒整齐排列好之后就会组成 Grigori Perelman 的样子，创意十足，但只要把其中一支铅笔抽出来，便会顿时令这位数学大师的容貌变得不完整。

一款好的创意包装设计可以很容易吸引顾客的眼球。所以，包装设计中创意是一个不可缺少的部分，创意的存在是包装价值的一种提升。

图　3-21　　　　　　　　　　　　　　　　　　图　3-22

图　3-23　　　　　　　　　　　　　　　　　　图　3-24

（2）图 3-25 至图 3-28 所示的这款 create 彩铅包装中，包装看上去与其他彩铅包装没有太大的区别，但结构上，create 彩铅包装的中间是断开的，巧妙地运用了包装的自身结构使其变成一个铅笔支架。我认为包装结构变化丰富，在设计的同时可以发挥自己的想象，使包装变得更有意义。

（3）图 3-29 至图 3-32 所示的这款为英国品牌 Fibra 的美术用品包装。彩铅的包装设计尤为亮眼，在品牌视觉外观统一的同时也赋予其一定的功能性，包装可作为一个稳定的三角支架，套上外包装上的一条固定弹性绳索，既美观又有固定作用，实在是一举两得，在这个设计中我看到更多的是在包装设计中的无限可能性，没有不可为之，只有无限的有待开发。

图 3-25 | 图 3-26

图 3-27

图 3-28

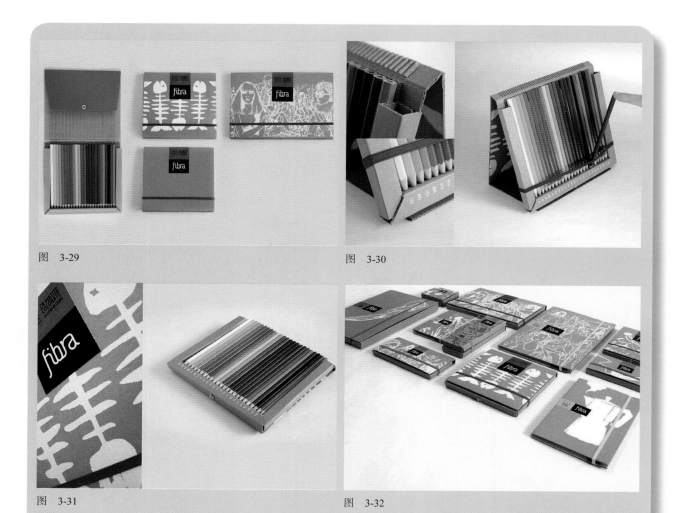

图　3-29

图　3-30

图　3-31

图　3-32

案例 2

1. 品牌名称：至艾。

2. 产品名称：至艾三年陈艾条（1 条）、至艾五年陈艾条（1 支）、至艾三年陈艾柱、至艾五年陈艾柱、至艾艾条至尊礼盒、至艾艾柱至尊礼盒、至艾三年陈艾柱礼盒装、至艾五年陈艾柱礼盒装（14 条）、至艾三年陈艾条、至艾五年陈艾条（14 支）。

3. 产品的产地：中国南阳。

4. 产品的价格、档次：至艾艾条属中高档价位。

至艾三年陈艾条（1 支）5 元。

至艾五年陈艾条（1 支）6 元。

至艾三年陈艾柱（7 粒）6 元。

至艾五年陈艾柱（7 粒）7 元。

至艾艾条至尊礼盒（8 支）50 元。

至艾艾柱至尊礼盒（56 粒）60 元。

至艾三年陈艾柱礼盒装（4 支，28 粒）30 元。

至艾五年陈艾柱礼盒装（4 支，28 粒）40 元。

至艾三年陈艾条（14 支）40 元。

至艾五年陈艾条（14 支）30 元。

5. 产品的属性特点。

（1）有颈椎病、肩周炎、虚寒咳喘等患者，对缓解身体、四肢等部位或穴位，腰肌劳损，腰腿疼痛，温经通络，益气祛风，活血止痛，改善局部血液循环，增加免疫力。

（2）安神减压，舒缓身心。

（3）点燃后散发出持久的艾香，并伴有特异的烟气。

6. 产品的结构特点。

（1）艾条呈圆柱状，长 20~21cm，直径为 1.7~1.8cm。

（2）艾柱即是比较短的艾条，规格为 1.5cm×2.5cm。

（3）用棉纸包裹艾绒制成的圆柱形长卷。

7. 产品的材质特点：艾条是艾草叶子制成的，艾叶经过多次粉碎后得到艾绒，即可用纸卷起制成艾条。质地较软，用手即可将艾条掰断，应存放在干燥通风的地方。

8. 产品的视觉特点：圆柱形长卷。

9. 产品的销售区域：广东省繁华城区的药店、美容店、艾灸店及线上销售。

10. 产品的销售对象：20~40 岁居住于城市的年轻女性，注重养生，对使用传统保健美容的方式有兴趣。

11. 销售对象的共同点：月收入在万元以上，知性、时尚、注重美容养生和传统保健方式的年轻女性。

12. 销售对象购买产品的情况：艾条一年四季都可使用，夏天驱蚊，冬天安神。钟爱使用艾条美容养生的消费者，一般一次性购买 20 支左右艾条，一年会购买 1~3 次艾条的产品；对于身体患有长期病痛的消费者，需要每天使用艾条，一般一次性购买 100 支艾条，3 个月会购买一次艾条存放于家中。

13. 销售对象使用包装的情况：大多数购买艾条的消费者，普遍选择购买没有包装的艾条，因其注重质量而不是外观，并且艾条是快消品，大量购置散装的艾条相对实惠。所以，大多数消费者都会一次性购买大量艾制品存放于家中，这要求艾制品的包装需要有一定的防潮效果。

14. 销售对象选购商品的决定因素：注重使用传统方式养生的女性，有送礼的嗜好。

15. 通过设计调研，您认为该包装怎样设计最为恰当？

材料上：鉴于大多数人都会大量购买艾条存放于家中，艾条包装要有一定的防潮作用，使用环保、耐用度高、可重复使用的材质。

结构上：基于现代包装的特点，融入符合现代中国人审美情趣的传统包装风格。

视觉上：打破市面上艾条陈旧、没有时尚气息的包装风格，设计出能满足年轻女性消费者的审美喜好的包装。选用淡雅的颜色，让人感受到产品天然环保的特性，并通过整洁版式设计传递出产品是品质上乘的信息。包装精美的艾条适合于送礼，作为养生美容的送礼佳品送给亲朋好友；艾条作为中国的传统保健产品，拥有精美的包装进行宣传，可以更容易引起年轻女性消费者的兴趣。

16. 请挑选你认为有借鉴意义的 3 款优秀的包装设计案例，对其优点进行分析说明。

（1）图 3-33 至图 3-36 是日本 Saudade 茶品牌的一款包装，现代极简风和日式水彩风格的包装供顾客挑选。Saudade 新颖且具有日本特色的包装，获得了世界三大设计奖之一———iF 设计奖。不同于现有

图 3-33

图 3-34

图 3-35 | 图 3-36

日本茶品牌的设计风格，Saudade 主打乡村田园风。明快轻松的颜色搭配，清新淡雅的水彩图式，一组日式田园风光的水彩画表达出日本的文化底蕴，另一组现代极简的设计运用抽象线条几何图形的水彩组合，紧跟现代设计潮流，满足不同消费者的审美喜好。

（2）图 3-37 至图 3-41 所示为中国本土的茶叶包装——印象国家地理的高端系列，根据自身品牌，定位于原味茶，价值在于"探索国家地理，寻访世界好茶"产品汇聚原产地茶品，好茶来源于产地、气候、工艺、文化。

图 3-37	
图 3-38	图 3-39
图 3-40	图 3-41

该设计源于中国茶元素的启发，在中国经典元素中提炼出意象化的图腾，表达了中国文明大好河山的气势，透过每个设计细节表达品茶的美学观，将专属高端感注入包装设计中，汇流成一股大气脱俗的品位享受，打造简约永恒的美境。

（3）图 3-42 至图 3-46 所示为国外一款巧克力的包装，通过对巧克力产品本身的形态概括，提炼出概念图形继而运用到其包装上，形成产品和包装的有机联系，而不是孤立地存在。深沉的巧克力色与简约淡雅的包装配色与市场上普通巧克力金色和棕色的搭配形成强烈的对比，给消费者耳目一新的视觉冲击。

图 3-42 | 图 3-43
图 3-44 | 图 3-45
图 3-46 |

设计定位就是对调研结果的分析和整理，是真正开始下一步包装设计的依据。

■**课程作业**：请根据教师提供的调研目录，整理调研结果。

DESIGN

第 4 章
创新型包装结构设计

导读：在设计调研中提出了问题，下一步便是寻找解决问题的方案了。动手制作产品包装结构是本章的主要任务，这里务必强调动手的重要性，因为只有动手制作、反复尝试、修改，才能形成最终的包装。为了不受现有包装结构模型的影响，这里不会对相关内容进行提前讲解。学生在没有受到任何现有包装结构教育的前提下，通过教师的引导，自己努力尝试制作创新的包装结构，动手制作过程能让学生更深刻地了解包装结构的形成过程及注意事项，也更容易激发学生的创意。在设计调研的基础上，选择合适的材料和制作方向，为产品"量身定做"包装结构模型。包装可以包含内包装、外包装、独立包装、组合包装及系列包装等多种结构形式。根据由简入繁的设计原则，要求学生先从单个产品开始制作包装结构模型，再由单个产品包装延伸为更多的产品包装，由一到多，要求形成设计风格统一、环保和实用的系列包装结构。

包装结构是包装设计中的第一项重要设计内容，在开展这部分设计内容之前，务必保证包装对象——产品已经准备好。由于课程作业的要求是系列包装设计，所以在选择产品时一定要选择同类产品，在产品上不得出现任何原有品牌的信息，包括标志、字体、图案等视觉传达设计内容，因为根据产品的形象与包装形象的统一性原则，这些现成的设计内容会影响包装与产品的统一感，并制约包装下一步的视觉传达设计。如果需要为它建立全新的品牌形象，在后期成品拍摄阶段，产品也是包装成品展示的其中一部分，如果产品露出其原来的品牌信息，就会产生与包装设计不统一且令人奇怪的感觉。

另外，根据惯常的包装课程作业完成的方法，可以全部利用快印或者快印与其他材料相结合输出生成。所以在包装结构的构思阶段，根据对包装的设想，提前准备一些材料，有以下两个方向可以选择。

（1）如果最终的包装成品是由快印输出生成的，那么学生只需要准备一些硬度相当的纸制作包装结构模型，再把包装结构的平面展开图输入计算机，进行排版，最后快印输出即可。图 4-1 和图 4-2 是学生对现有包装的改造设计，整体的快印输出，视觉上更加完整。

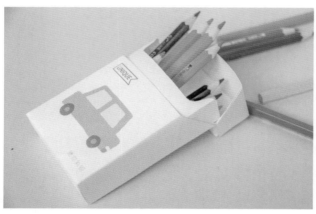

图　4-1　　　　　　　　　　　　　　　　　　　图　4-2

（2）也可以使用快印与其他材料相结合完成包装。利用快印完成视觉传达设计部分的印刷，其他材料完成包装结构的主体部分，再利用封腰、吊牌、粘贴等形式把两者结合起来，主体部分材料可以是自然材料或工业材料。图 4-3 和图 4-4 就是快印产品信息部分和手工制作包装主体相结合的设计。

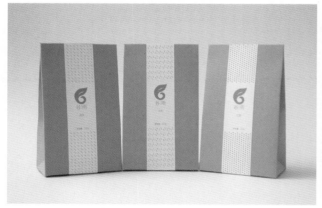

图　4-3　　　　　　　　　　　　　　　　　　　图　4-4

4.1　创新型包装结构——一纸成型

4.1.1　制作要求

（1）不能用胶，不能用钉。

（2）选择纸材的须一纸成型。

（3）包装结构与产品结构相互呼应，采用标准尺寸，不能偏大或偏小，呈现结构上的美感。

（4）含 3 种以上不同的包装结构，风格统一、成系列。

（5）包装成品做工精细，效果接近机械生产的包装成品。

　　一纸成型的概念是指任何包装结构部分，在不用任何粘胶和钉的情况下，利用一张纸的结构变化形成的，图 4-5 至图 4-10 分别体现了一纸成型的概念。大家都知道，只要能使用胶和钉，就能把一个平面的包装展开图形立起来，对于初学包装设计的人来说，这更是不可多得的工具，因为不用经过深思熟虑，就可以随意裁切，再利用胶和钉强制把它立起来，这往往违反了包装的设计原则，增加了生产成本，也降低了包装的美感。优秀的设计师应该有为社会大众服务的责任感，具有环保、实用意识。所以，学生在设计包装结构

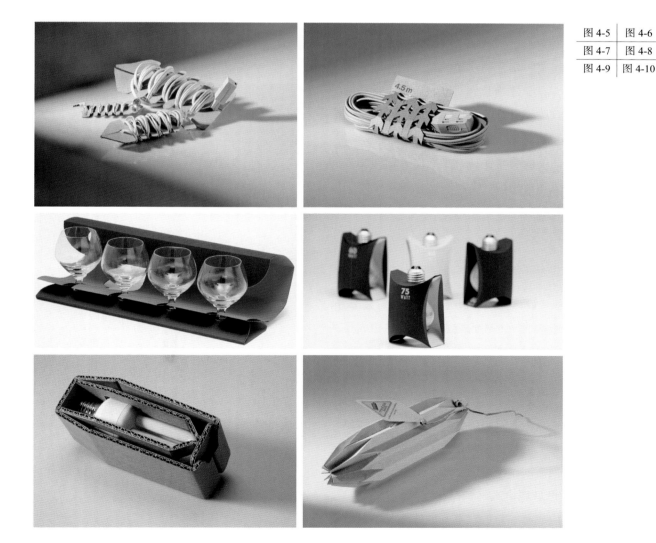

图 4-5	图 4-6
图 4-7	图 4-8
图 4-9	图 4-10

时，应该更多地思考如何能满足产品需求，又能节省包装材料和生产工序。一纸成型的作业要求能限制学生对多余材料的应用，回归到对纸材结构的研究上，也能激发他们创造出不拘一格的新包装结构。

　　无论选择何种材料，其呈现出来的质感、色彩都应该和谐统一。同类接近的材质和颜色搭配能给人自然、舒适、流畅的感觉，这对于初学包装设计的学生来说更加容易把握。但这不是设计选材的唯一原则，对于一些呈现出相去甚远的、矛盾的、对比强烈的材料，同样可以设计出极为优秀的作品，只是对于设计者的设计水平要求更高，因为设计者需要把看起来质感对比极强的材料，通过设计展示出一种大胆、对比、突兀的美感。

　　包装结构与人的衣服一样，偏大或偏小都会让人感觉别扭，包装结构的造型大小是围绕产品展开的。一般情况下，包装结构内部尺寸比被包装物的对应尺寸大 1~5mm，以便于产品的取放。对于形状比较规矩的产品，应该取小些值；反之取大些值。包装结构应该呈现出产品的造型特点，切勿为了博取眼球而添加额外的、没有关联的结构变化，给人"衣不称身"的感觉。

　　包装结构作业至少会经历两次修改才能最终成型。在构思阶段，结构的制作可以随意放松点，因为这样更容易启发创意。

　　一纸成型的概念和精神在包装设计的初学阶段很值得传授给学生。一个没有分割的整体通过折痕组装完成。一纸成型包装结构利用最少的材料满足产品包装的功能需求，其巧妙地利用纸结构本身的变化形成纸与纸、纸与产品之间构件组成，实现其功能的最大化。如图 4-11 和图 4-12 所示，虽然纸本身比较单薄，但是纸材料的结构千变万化，一旦改变其结构，形成彼此之间的相互结合、相互支撑，可以呈现出人意料的抗压、防振作用。另外，纸与纸之间的咬合、穿插、重叠使其结构受力均匀，不易破损，更加耐用。一纸成型的包装结构除了体现设计师的包装智慧外，还可以提升包装的艺术审美价值，从而吸引消费者购买。

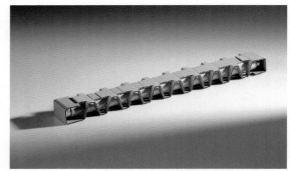

图　4-11

图　4-12

1. 一纸成型结构是立体构成的升华

　　设计基础课程"设计构成"包含了构成的三大部分，即平面构成、色彩构成、立体构成。其中立体构成是利用特定的材料，以视觉美感为基础、力学为依据，将构成元素按照一定的构成原则组合成美的立体形态。立体构成运用点、线、面的变化呈现出节奏、韵律、对比、统一的空间立体美态，如图 4-13 所示。而这个构建过程更多的是追求视觉上的愉悦，对创意的来源并没有固定的要求，大多是模糊的，没有明确的针对性。一纸成型的包装结构最终也呈现出纸材料结构空间立体的美感，这种美感与设计构成是一致的，唯一的区别是一纸成型

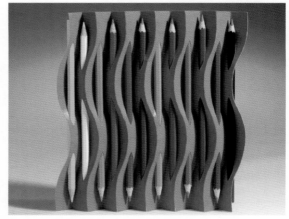

图　4-13

包装结构的创意来源是满足产品对包装的功能需求。在展开包装结构设计时，首先考虑的应该是包装的实用功能，再考虑包装结构所呈现出来的美感，只有做到两者结合才能打动消费者。

2. 一纸成型结构符合当今社会的环保需求

社会环境污染越来越严重，2007 年 12 月 31 日，《国务院办公厅关于限制生产销售使用塑料购物袋的通知》发布了关于生产销售使用塑料购物袋的规定，目的是为了限制和减少塑料袋的使用，遏制"白色污染"。"白色污染"源于食品包装、泡沫塑料填充包装、快餐盒、农用地膜等，在陆地或水体中的废旧塑料包装物被动物当作食物吞入，导致动物死亡，混入生活垃圾中的废旧塑料包装物很难处理，填埋处理将会长期占用土地，混有塑料的生活垃圾不适用于堆肥处理，分拣出来的废塑料也因无法保证质量而很难回收利用。"白色污染"在我国已经到达一定的严重程度，对人们的健康生活构成一定的影响，可回收的纸材料包装能够帮助人们减少对塑料袋的依赖，而一纸成型包装结构是减量化的包装结构，无论在包装生产、运输、制作还是使用上，都大大呈现其便捷、节省的优越性。另外，在礼品行业出现了严重的过度包装，以月饼、保健品、茶叶、酒类、化妆品等类别的包装为重灾区。月饼包装从过去纸张、纸盒、铁盒变成了木盒、皮革盒、竹盒、锦盒、漆盒，甚至选用红木、水晶、丝绸等名贵材料。有的月饼包装像一个小柜子一样，设两层抽屉存放月饼，还配上精致的铜锁。图 4-14 所示的这些包装材料的价格和成本都远远超出了月饼本身的价值，是一种严重的资源浪费，违背了包装的实用功能原则。过度礼品包装的泛滥已经引起社会大部分人的关注和反感，随着社会现代化进程的推进，人们的环保意识不断加强，每个人都应该为社会环境出力，一纸成型概念的提倡能培养下一代设计师强烈的社会责任感和包装环保意识。所以，判断包装设计是否优秀，其中一项考量条件就是其包装材料的运用是否环保、节约。

图　4-14

3. 一纸成型包装结构象征着中国人的传统智慧，与中国传统家具里面的榫卯结构有异曲同工之妙

无论是一纸成型还是更深入、更复杂的包装结构，可能是二纸成型、三纸成型等，无论是多少张纸形成的包装，都有一项重要的准则，便是包装的各部分结构衔接自然、合理，让整个包装结构浑然一体、和谐统一。

一纸成型包装结构的设计原则与中国传统家具里面的榫卯结构有异曲同工之妙（图 4-15 和图 4-16）。中国的榫卯结构是榫和卯咬合，最基本的榫卯结构由两个构件组成，其中一个榫头插入另外一个卯眼中，使两个构件连接固定，榫头深入榫眼的部分称为榫舌，其余部分称为榫肩。榫卯结构虽然每个构件都比较单薄，但是它整体上却能承受巨大的压力。这种结构不在于个体的强大，而是相互咬合、相互支撑，形成完整的整体。它是木件之间曲与直、多与少、高和低、长和短之间的巧妙组合。使用榫卯结构的家具，由于其精妙的结构组合，大大提升了它的艺术价值，从而受到人们的追捧。另外，榫卯结构的家具，其木与木之间形成整体，比一般使用钉子制成的家具更加坚固，而且更容易维修。中国传统的木家具的灵魂是榫卯结构，整套家具制作不使用一颗钉子，却能历经上百年，是人类轻工制造史上的奇迹。在包装的结构设计里，这种结构间相互咬合、相互支撑，形成整体的榫卯结构，也体现了包装结构设计的精神，如图 4-17 所示。

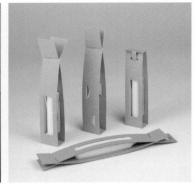

图 4-15　　　　　　　　　　　　　图 4-16　　　　　　　　　　　　图 4-17

　　把影响包装整体观感的结构隐藏起来，增强包装的整体感和美感，一纸成型的训练限制学生对于材料的滥用，加强他们对包装整体感塑造的认知，而对榫卯结构的学习观察，有助于在设计包装结构时更加严谨。

4.1.2　包装结构作业案例鉴赏

1. 功夫茶杯一纸成型结构实验作品

　　图 4-18 至图 4-22 是功夫茶杯的一纸成型结构作品，其灵感来源于中国传统卷轴书籍，包装以牛皮纸作为材料，以严谨的开孔尺寸固定功夫茶杯，结合传统的书卷造型制作完成。包装展示了空间设计学和物体受力学的原理，在牛皮纸上设计反锯齿和凹形口，增强了包装的稳定性和防碎功能，使包装整体一气呵成。既凸显了中华传统文化的美学气质，同时也具备很好的实用功能。该作品大胆且富有创意，手工制作干净利落，美中不足的是绳子的材质选择不够严谨，显得毛糙、粗陋，可以使用同类颜色的纸绳替代。

图 4-18	图 4-19	图 4-22
图 4-20	图 4-21	

　　图 4-23 至图 4-28 所示同样是功夫茶杯的包装结构作品，学生利用瓦楞纸掏洞穿绳的结构固定杯子，其结构新颖，让人耳目一新，对称排列的包装结构，除了呈现出视觉上的美感外，还能很好地展示里面的产品，瓦楞纸和绳子的使用使其具备良好的防碎和便携功能。另外，该包装结构做工规范，各个角度的展示效果较佳。不足之处是以绳穿纸的方法较为麻烦，不能快速完成包装动作。

图 4-23	图 4-24
图 4-25	图 4-26
图 4-27	图 4-28

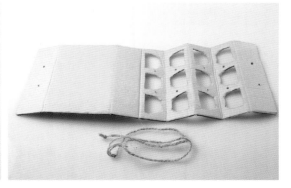

2. 勺子便携包装结构实验作品

图 4-29 和图 4-30 是瓷勺的包装结构实验作品，其创作的灵感来源于手提袋，该作品选择牛皮纸作为包装材料，外观看似手提袋，实则利用特别设计的固定结构对勺子进行固定，不失为一款新型的包装结构。

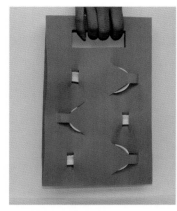 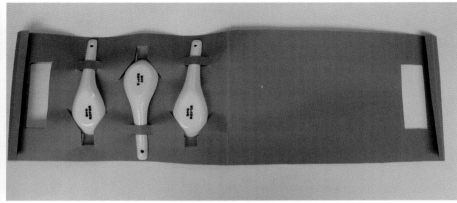

图 4-29   图 4-30

作为实验性的作品，不足的地方是这么多的纸材只包装三只勺子，显得材料和空间的利用不够紧凑，如果能在这个基础上加以改进，把纸张的作用发挥到最大化，能包装更多的勺子会更加合理。

3. 灯泡包装结构实验作品

图 4-31 至图 4-36 是一款系列灯泡包装结构，根据以一变多的设计方法，该包装也是以单个结构延伸为多个包装结构，结构统一而有变化，一纸成型结构干净利落，包装结构整体而严谨，空间紧凑合理，减少了纸材的浪费，体现出环保的理念。能够通过包装的侧面窥探产品，方体包装易于摆放，在运输途中能节省运输空间，降低商品的成本。因为存储方便，可以直接摆在货架上销售，方便顾客按自己的需要选购。

图 4-31	图 4-33	图 4-34	图 4-35
图 4-32			图 4-36

图 4-37 至图 4-42 所示作品选择牢固的正三角体作为包装结构，使包装稳定且不易变形。其灵感来源于榫卯结构间的拼接，3 块单独的瓦楞纸板能够快速地拼接组装起来，其中一块纸板做了固定产品的隐藏结构，可以看出设计者的用心，作品手工整洁，摄影角度清晰全面。不足之处是 3 个灯泡的组合包装占用摆放的空间太大。另外，如果图 4-41 和图 4-42 组合在一起能够形成一个长方体，那么这款三角体的包装结构能解决运输时包装与包装如何堆放在一起的问题。需要注意的是，很多学生喜欢追求一些不规则的多边形包装结构，这主要是对如何运输和存放缺乏考虑，所以除了方体以外的包装结构，应该要更加慎重地考虑到包装节省运输空间的问题，如果是三角体，最好能够上下结合摆放，成为方体，这样就会更加合理。

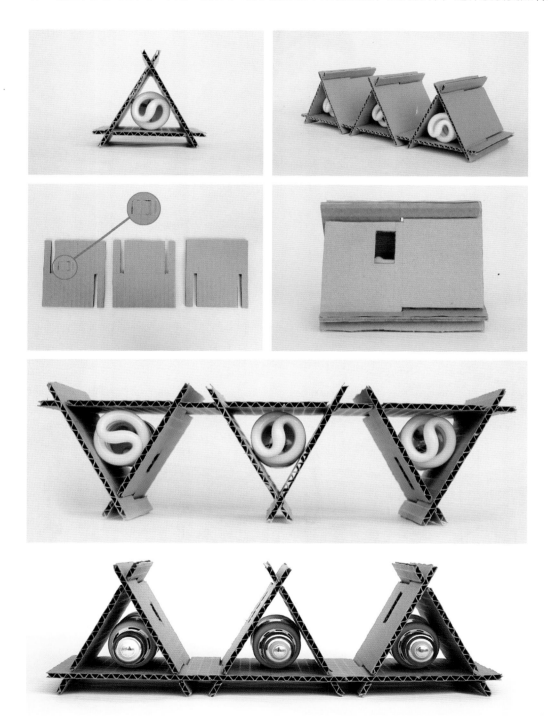

图 4-37	图 4-38
图 4-39	图 4-40
图 4-41	
图 4-42	

　　图 4-43 至图 4-49 是学生自创的品牌，名叫夕点的灯泡包装，夕点创意来源是夕阳西下，家家户户回家团聚点灯的温馨场景，给人丰富的视觉想象空间。该包装主要是利用牛皮纸上的两个重叠结构固定灯泡，重叠结构是整个包装的主要结构，最吸引眼球的是其纸结构呈现富有美感的多边结构，与灯泡产品的结构造型相呼应，既能在空间上更紧密地保护灯泡，又增添了视觉上的美感。同样是利用以一变多的演变方法，由单个形成三个、四个的系列包装。该学生能够多角度及多步骤地展示产品包装，清晰明了。该包装的优点是除了能够保护灯泡的玻璃部分外，其几何结构造型也吸人眼球；不足之处是产品有一小部分突出来了，没有被包裹，存放久了容易着灰、受潮，影响产品的销售，突出来的部分还会在存放时不能堆叠在一起而影响运输。

图 4-43		图 4-44	
图 4-45		图 4-46	
图 4-47	图 4-48	图 4-49	

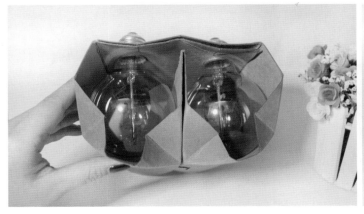
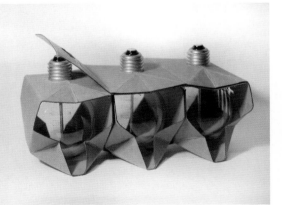

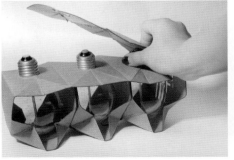
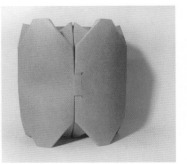

　　图 4-50 至图 4-54 是另外一款灯泡包装结构。一纸成型结构把灯泡的易碎部分包裹严密，三角体的包装结构有时比常见的方体更能吸引眼球，此包装最大的亮点是 5 个单独的包装拼在一起，形成一个五边形的整体，是一项由单个组合所带来的视觉变化。由单独的包装结构组合成新的整体，是增加包装吸引力常用的手段。该作品不足之处与上个案例一样，这里就不再赘述了。

图 4-50

图 4-51

图 4-52

图 4-53

图 4-54

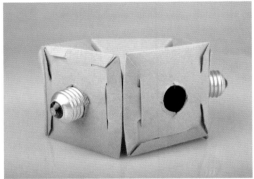

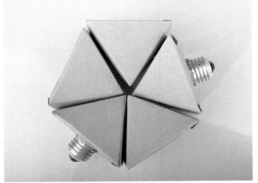

4. 结婚餐具礼品包装结构实验作品

图 4-55 至图 4-59 是一款结婚餐具礼品包装。该包装同样是纯手工制作，使用了纸雕镂空的表现形式，在制作上存在一定的难度。包装盒正面的图案和文字镂空雕刻精细，可以看出作者的用心，视觉效果清晰、简洁、大方，通过镂空的地方观察，里面的产品若隐若现；喜庆的大红色除了与里面的产品颜色相呼应外，也与牛皮纸的土黄色搭配和谐；抽屉式的包装结构增加了打开包装的仪式感。打开以后的产品摆放整齐，产品间使用了纸结构作为间隔，除了增加对产品的保护作用外，也让整体看起来更美观。

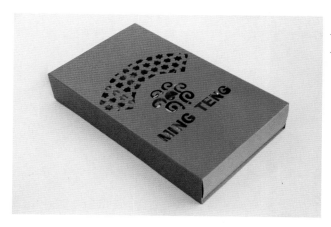

图 4-55	
图 4-56	图 4-57
图 4-58	图 4-59

5. 便携牛奶包装结构实验作品

图 4-60 至图 4-65 是典型的以一变多的包装结构案例，由简单入手，层层推进，以一推演出二和四组合的包装结构。该包装制作工整，作为便携的包装结构传达出来的概念没有问题，唯一的问题是在选材上，这种纸材显得单薄、不牢固。便携包装的基本功能是包装能确保携带产品的过程中不会因为包装质量问题而损坏，如果改用其他硬度合适的瓦楞纸，效果会更加理想。

另外，这个包装结构的实验其实更像一个推演的设计过程。如图 4-60 所示，单独的一瓶牛奶使用这样的便携包装结构显得有点牵强，毕竟一瓶牛奶属于小物件，除了考虑有没有必要使用便携包装的需要外，还要考虑一瓶牛奶的销售价格和成本。相反，包装四瓶牛奶的便携包装相应就显得更加合理，一是因为数量较多的牛奶确实造成携带困难；二是销售的数量多了，包装的使用就更加合理。

这个案例说明，包装设计是一个由简单到深入的设计进程，所以在开始做包装结构模型时，怀疑自己的创意是否太幼稚和不严谨时，不要沮丧，也不要放弃，因为很多优秀的设计都是从不成熟、简单而来的，最开始大胆笨拙的构思往往更能激发创意灵感。

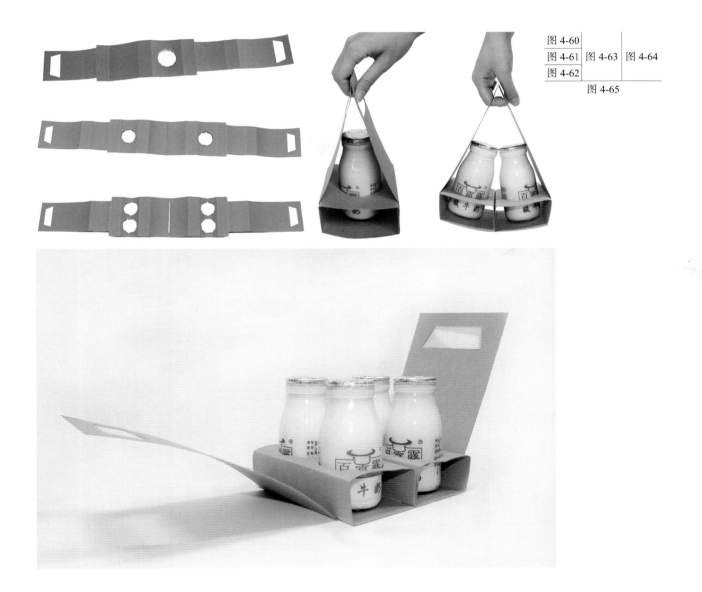

图 4-60		
图 4-61	图 4-63	图 4-64
图 4-62		

图 4-65

6. 透明塑料杯包装结构实验作品

图 4-66 至图 4-78 是一款学生自创品牌，名为左冰的创新型包装设计，该产品是透明的塑料杯子，包装结构造型新颖。3 个结构造型各异，但同样的材质和色彩视觉效果让彼此能"和谐共处"，并不显得突兀。该作品受一纸成型概念的影响，最大化地使用了纸结构对产品进行保护。利用打印的产品信息广告进行包装封口，大大降低了包装的印刷成本。另外，封口的设计能够增加顾客对于产品质量的信赖和开封包装所带来的仪式感。牛皮纸低调的纸色与鲜亮的蓝、紫、绿色的产品广告纸搭配十分突出。该作品的拍摄是学生在自家阳台完成的，利用全开白纸作为背景，展示出全部的包装设计作品，有相同结构包装的展示，有单独包装结构的展示及多角度拍摄，画面布局讲究，清晰地展示了包装结构的细节和整体。

图 4-66	图 4-67
图 4-68	图 4-69
图 4-70	图 4-71

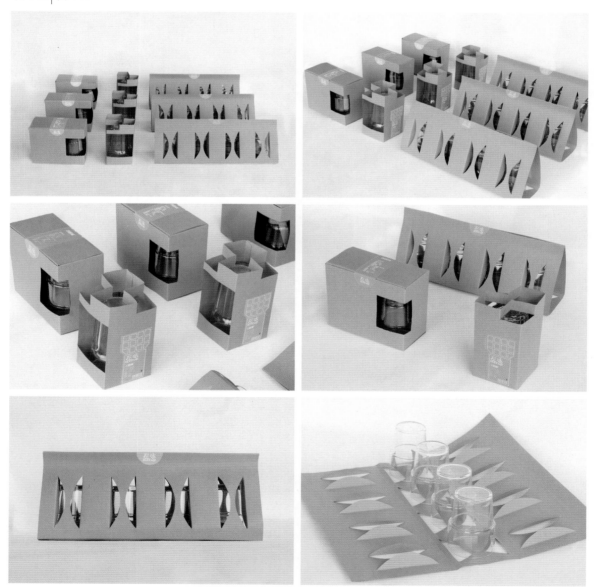

图 4-72 | 图 4-73
图 4-74 | 图 4-75
图 4-76 | 图 4-77
图 4-78 |

4.2 创新型包装结构——自然材料的运用

从事包装设计的设计师主要来自产品设计专业和平面设计专业。产品设计专业的设计师设计的包装更加偏向产品方向，他们擅长利用三维软件塑造三维包装结构，运用的包装材料更加广泛，如金属、塑料、玻璃、陶瓷，因为这些材料难以利用手工制造出精确的模型，所以经常使用三维技术做出精准、逼真、虚拟的计算机三维效果图。而平面设计专业的设计师所设计的包装则偏向自己擅长的平面，从平面延伸到立体设计纸材的包装结构。在包装设计课程中，虽然教师并没有列明要求，限定学生使用纸作为包装材料，但是作为初学包装设计专业的学生来说，选择纸作为包装材料更符合其专业要求。所以，即使作业要求并没有列明，在学生的构思创意阶段，教师也会进行相应的引导。

但是教师的引导是以不扼杀学生的创意为前提的，每个班里总有学生提出使用其他材料的愿望和要求，这时教师更应该正视这一部分学生的诉求，对他们进行辅导和帮助，鼓励他们去探索不同的材质，去创造不同的包装结构形式，而其中自然材料的包装结构也是值得鼓励学生选择的发展方向。自然材料是天然形成的非人为加工的材料，如竹子、木材、石材等，具有真实、和谐的原始特性。使用自然材料的作品能给人以质朴的亲切感，特别是在现代精神和物质高度发展的文明社会里，自然材料有着极强的亲和力，使人感到熟悉、亲切、温暖。另外，自然材料取材更容易，相对于工业材料更容易加工和塑造。图 4-79 至图 4-81 是一款泰国的柚子包装，其利用天然的材料作为包装，对比现代的工业材料，这款包装让人耳目一新。未来无害化、无污染、可再生利用的环保包装在商品出口贸易中将起着举足轻重的作用。

图 4-79　　　　　　　　　　图 4-80　　　　　　　　　　图 4-81

4.2.1 选择自然材料设计包装结构需要注意的问题

1. 根据产品的设计定位选择自然材料

当学生提出使用自然材料时，教师首先应该考虑学生提出要求的理由是否合理，可以根据在前面所做的项目调研与设计定位部分寻找回答。那么一般情况下，哪些产品的包装更适合使用自然材料呢？

传统、天然的或者生态的产品更适合使用自然材料作为包装材料。这些产品透露出了天然、健康、无添加、质朴、手工化、人性化、温情、怀旧、历史沉淀等信息，而自然材料使用木、竹、藤、草、麻、棉、石材、泥土或者一些有手工痕迹的材料等所透露出来的信息与其不谋而合，使用一般工业材料都很难与其相符。图 4-82 所示为凤凰古城的竹筒酒。

2. 选择自然材料对于手工制作的要求更高

选择自然材料制作包装结构对学生的动手能力要求更高，因为它的形成与平面设计专业所学的内容有点远，基本上不依赖现代的计算机软件技术和印刷术，其包装都是以材料和结构所展示的美感去吸人眼球，所以使用自然材料的包装结构大部分是纯手工活。为了实现包装的结构，学生应学习一些有用的手工技术（如编织和捆扎术等），甚至研究新的编织方法。

3. 选择自然材料应该更严格遵循材料之间的搭配

自然材料透露出天然、健康，使人有历史沉淀的感觉，所以选材搭配时应该检视材料与材料之间、产品与材料之间的搭配是否一致、是否和谐。一般来说，选择自然材料作为包装材料会更倾向于全部材料都是自然材料，如果有其他特殊的需要，可以选择不是自然的材料进行搭配，但前提是要和谐统一。如果与金属、塑料等工业材料进行搭配时，更应该注意颜色是否突兀，尽量选择同类色的材料。

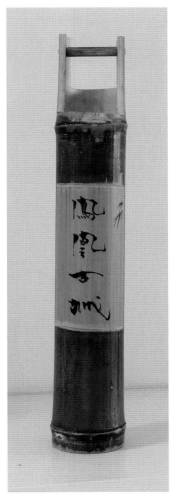

图　4-82

4.2.2　包装结构作业案例鉴赏

1. 瓷碗包装结构

如图 4-83 至图 4-88 所示，这些作品在手工制作上需要掌握一定的竹编技术，学生通过反复尝试，最终在没有任何编织经验的基础上克服困难，完成作品。

图 4-83 ┃ 图 4-84

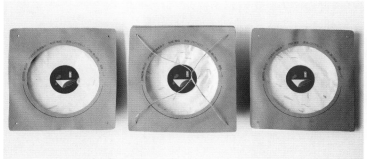

图 4-85

图 4-86

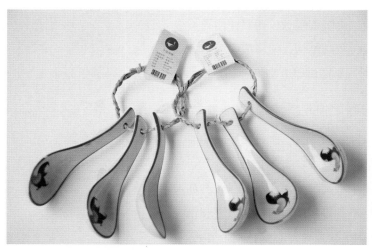

图 4-87

图 4-88

　　这是学生自创的品牌，名为鸡公仔，选用了传统的鸡公碗作为产品，鸡公的视觉形象深入人心，品牌系列名鸡公仔与之相适应。鸡公仔系列包装最初的灵感来自传统用禾草包裹商品的包装形式。包装所用材料是竹丝，用这种材料是因为它会给消费者带来一种返璞归真的感觉，符合鸡公仔的传统品牌形象。包装结构是用竹丝依次排列编织，利用竹丝材料的弹性特点，在按压时可以把商品放入其内部。除了用竹编做成的结构外，该包装也使用了纸和草绳做成另外两种结构，整体看起来统一而又有变化。

2. 多功能木餐具包装结构

　　图 4-89 至图 4-94 是学生自创品牌，名为三生有幸，是以一家三口为设计目标，设计的木餐具包装结构新颖，并且"暗藏玄机"，学生购买烧烤用的竹签，把尖的部分锯掉，用砂纸打磨整齐，再用绳子编织成竹排，三块竹排利用三双筷子连接，形成包裹的圆柱体，再以捆扎术把三只碗和勺子用麻绳固定在竹排圆柱体内，形成方便携带的包装结构。包装的拆解也非常讲究，把三双筷子抽出来，包装便可解开，拆解后的竹排是餐垫。包装是产品的一部分，它可以巧妙地化解包装成本的问题，既环保又具有创意。为了让顾客更容易了解此包装的用处，也不让包装浪费，学生另外拍摄了包装的拆解步骤图，做成吊牌来说明使用方法。

  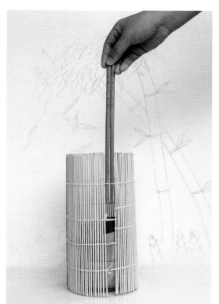

图 4-89 ｜ 图 4-90 ｜ 图 4-91

图 4-92 ｜ 图 4-93

图 4-94

DESIGN

第 5 章
常规纸包装结构设计

　　导读：前面所介绍的一纸成型包装结构以及使用自然材料的包装结构都属于创新型包装结构。在设计前期，更加趋向鼓励学生创造新型的包装结构，但是能够创造出新型包装结构的学生毕竟只有少数，对大部分学生来说，创新型的命题能够让他们明白包装创意的重要性，他们可以看到部分学生可以做出优秀的、有创意的包装结构，从而会更加相信自己也应该有做出创意设计的能力。而对常规纸包装结构的学习是包装课入门的重要教学内容，学生可以对各种常规的纸包装结构进行了解，选择合适的包装形式加以利用甚至改造。对各种常规包装结构的认识和了解是这门包装设计课程学习的基本目标，也是为学生以后进入社会从事纸包装设计工作做准备。

　　常规纸包装结构设计是在创新型包装结构设计的基础上对包装结构内容的进一步补充，如果说创新型包装结构是鼓励学生做有创意的包装结构，那么常规纸包装结构就是在创新型包装结构的基础上对包装结构基本知识的进一步补充，为适应社会需求做准备。

　　制造纸包装容器的材料主要为各种纸张，同时还常常用塑料、金属箔、纺织品等作为辅助材料。

5.1　造纸工艺介绍

造纸术是我国四大发明之一，这一伟大的发明对人类历史文明的发展与进步做出了不可估量的卓越贡献。

造纸工业经历了手工制作、机械化和自动化的技术发展阶段，目前已形成了高速、高效、连续化、自动化的作业系统，摆脱了长期存在的技艺性质而转为工业化作业。如今的制浆造纸工艺在原理上与早期的造纸术没有本质上的区别，其基本工艺过程如下。

纤维原料→制浆（备料、蒸煮或机械处理、洗选、漂白）→打浆（施胶、加填、染色、配料）→抄纸（成型、压榨、干燥、压光）→整饰加工（复卷、超级压光、切纸、选纸、涂布）→包装。

造纸常用的木材纤维原料可分为四类，下面分别介绍。

（1）木材纤维。造纸使用的纤维材料 90% 以上来自于木材。木材可分为针叶木（如各种杉木和松木）和阔叶木（如杨木、桦木、桉木等），用它们制成的纸浆分别称为针叶浆和阔叶浆，前者质量优于后者。用木材纤维制成的纸浆称为木浆。

（2）禾木科草类纤维。这是我国目前主要的造纸纤维原料，占全部纤维原料的一半以上。使用最为广泛的有芦苇、稻麦草、蔗渣、杂竹等。用禾本科草类纤维制成的纸浆统称为苇浆。

（3）棉毛纤维。棉花和木棉，包括各种废棉、破布等。用各种棉毛纤维制成的纸浆统称为棉浆。

（4）韧皮纤维。各种麻以及桑皮、檀皮等。用它们制成的浆分别称为麻浆、桑皮浆等。

纸浆中的一根纤维就是一个纺锤状、中空、具有一定壁厚的死细胞。纤维的细胞壁由脆间层、初生壁和次生壁组成。其主要化学组分是纤维素、半纤维素和木素。木素主要存在于脆间层，它将相邻细胞的初生壁粘结在一起的纤维分离开来，制成纸浆。

原料切片后，加入化学药剂升温蒸煮，以溶出和去除木质素，从而分离纤维。采用这种方法制成的纸浆称为化学浆。根据所用化学剂的不同，化学制浆法可分为烧碱法、硫酸法和亚硫酸盐法等。实用中采用最多的是硫酸盐法制浆。

机械法制浆不使用任何化学药剂。传统的磨木浆是将原木段横向压在旋转的磨石上，使木材分离成浆。这种浆几乎保留了木材的全部组分，得浆率高；但其强度较低、耐久性差，主要用来生产新闻纸。

将木材切成片后再磨浆，叫作木片磨木浆。磨浆前对木片进行预热处理，称为预热法木片磨木浆。该法是近些年开发出来的机械制浆法，其制得的浆的质量高于传统磨木浆，制成的纸品用途相当广泛。

利用化学和机械的综合作用分离纤维而制成的纸浆叫作化机浆，包括化学机械浆、预热化学机械浆和硫化化学机械浆等。

利用各种方法制得的纸浆必须用水洗去除其中残余废液并去除沙粒、节子等杂物后才可以用来造纸。洗选后的纸浆略带颜色，称为"本色浆"或"未漂浆"。未漂浆中含有木质素及其他有色物质转变为无色状态，这个过程叫作漂白，是生产大多数印刷、包装用纸品的重要工艺措施。

通过制浆分离出来的纤维表面光滑，缺乏韧性，而且纤维太粗、长短不一，难以抄出均匀、平滑且又有一定强度的纸张。必须进行打浆工艺处理，以适当切断长整纤维并对纤维产生压溃分丝作用。根据生产的纸张性能要求和所用原料特点，选择适当的打浆设备（打浆机、精浆机、盘磨机等），利用合理的工艺条件进行打浆，从而获得适合抄造某种纸张的纸料。

在打浆和调料过程中，一般都要进行"加填"和"施胶"工艺处理。加填就是在纸料中加入滑石粉、白瓷土或碳酸钙等物质，以达到改善纸张白度、平滑度、吸墨度、柔软性、不透明度和尺寸稳定性的目的。施胶是将配好的松香和硫酸铝溶液加入纸料中，后者使用松香微粒沉淀在纤维上，提高纸张的抗水性能、表面强度和平滑度。除胶版印刷纸和包装纸外，其他印刷纸张仅轻微施胶或不施胶。

为了改善抄造性能和提高纸张强度、均匀度、湿度等，还可以在纸料中加入淀粉、淀粉衍生物、三聚氰胺甲醛、各种动物胶和植物胶等助剂。调配好的纸料以一定的数量和浓度送入造纸工段进行抄纸。

现代化抄纸过程是在一台造纸机上连续完成的，其主要工艺过程为网部脱水成型、压榨、干燥、压光、卷取或切纸。

在抄纸过程中，循环运转的造纸网在浆料池中均匀带去一定厚度的纸浆，经过回旋着的压辊榨出纸浆中的水分，再进入干燥机进行加热以蒸发其水分，使纸张的含水率为5%~9%，最后经过压光机压光处理。由于造纸网是沿一个固定方向抄起纸浆的，因此纸浆中大多数纤维将会沿抄纸方向排列，这就形成了纸张的纹向。纸张的纹向将对包装容器设计和制造产生重要的影响。

5.2　包装用纸

包装用纸种类繁多，随着造纸技术的发展，又有更多的纸品被用于包装领域。这里仅对一些最常用的包装用纸作简单介绍。

1. 胶版印刷纸

胶版印刷纸简称胶印纸，又称为道林纸，主要用在胶印机上进行多色印刷的印品。胶版印刷纸分为单面胶版印刷纸和双面胶版印刷纸，前者通常采用化学苇浆掺部分化学木浆抄造，适合单面印刷；后者通常采用100%的漂白化学针叶木浆或搭配20%的竹浆、棉浆、苇浆抄造，适合两面印刷。在包装领域中，胶印纸常用作商标、烟盒、标签、纸袋以及粘贴纸盒的裱糊用纸。

2. 胶版印刷涂料纸

胶版印刷涂料纸又称为铜版纸，是经过漂白化学木浆抄造的原纸上涂布一层白色浆料后再经压光制成的，分为单面胶版印刷涂料纸和双面胶版印刷涂料纸两种。这种纸可适应多种印刷方式，主要用于高级印刷品，如插图、画报、年历等。在包装领域，这种纸常用作高档标签、购物袋以及瓦楞纸的面纸等。

3. 硫酸纸

硫酸纸又称为羊皮纸，呈半透明状，通常不进行印刷。在包装领域中，一般用于包装须防油、防潮的物品，如食物油脂、食品、香皂等商品的内包装。

4. 纸袋纸

纸袋纸采用未漂白、半漂白或漂白的硫酸盐化学浆加废纤维或亚硫酸纤维素制成，印刷性能一般，通常用作普通纸袋或多层纸袋。

5. 厚纸板

厚纸板采用 100% 硫酸盐纤维制成，厚度一般大于 0.5mm，颜色为纤维本色，印刷性能较差，通常用作粘贴纸盒的骨架。

6. 白板纸

白板纸又称为白卡纸，由里浆和面浆组成，里浆一般采用未漂白的硫酸盐纸浆或亚硫酸盐木浆制成，为纤维本色；面浆常用半漂白或漂白的化学木浆、苇浆或棉浆，呈白色。白板纸又可分为单面和双面两种，厚度一般为 0.3~1.2mm，印刷性能较佳，双面白板纸还可以实施双面印刷。白板纸主要用来制作各种折叠纸盒。

7. 涂铸纸

涂铸纸俗称玻璃卡纸，也叫高光泽铜版纸。以不同定量的纸或卡纸为原纸，采用铸涂方式进行表面加工的单面高光泽纸。其印刷适性优良，印品画面清晰鲜艳，具有良好的立体感和真实感。在包装领域中，主要用作不干胶商标、高档烟盒、高档纸盒等。

8. 铸涂白纸板

铸涂白纸板以白纸板为原纸加工而成，分单面与双面两种。其定量大于涂铸纸，白度比涂铸纸略低。主要用作中高档纸盒。

9. 瓦楞纸板

瓦楞纸板可以说是一种复合纸板，它是由瓦楞原纸与其他纸粘合而成的。瓦楞原纸是一种低定量的轻薄纸板，通常其定量在 112~200g/m^2。一般用磨木浆、半化学浆、苇浆等抄造，主要用来制作瓦楞纸板的芯纸。对于要求不高的瓦楞纸板，瓦楞原纸也可以用作其面纸和里纸。瓦楞纸板的面纸通常采用牛皮纸或箱板纸。牛皮纸也叫牛皮卡纸，通常采用 100% 的化学木浆抄造，表面经过施胶与压光处理，坚韧、挺实，具有极高的抗压强度、耐戳穿度和耐折度，主要用来制作高档瓦楞纸板；箱板纸通常以化学木浆为面层浆，半化学木浆为里层浆抄造，其特点是挺度好，但质地较脆、韧性较差，通常用来制造普通瓦楞纸板。

瓦楞纸板是通过将瓦楞原纸压成波浪状的楞心，然后在其上下表面裱上面纸和里纸后形成的空心纸板。其厚度较大，一般单瓦楞纸板的厚度为 1~5mm，而多层瓦楞纸板的厚度则可达 10mm 以上。瓦楞纸板的特点是强度高、耐戳穿度好，具有极佳的缓冲性能，通常用来制造外包装箱。厚度较小的瓦楞纸板（如 E 型和 F 型），其面纸采用胶印纸或铜版纸经预先印刷后再与芯纸和里纸裱合，通常用来制作纸盒。单面瓦楞纸板（没有面纸）常常被用来做包装容器中的缓冲垫。目前，市场上又出现了一种彩色的、带有图案的单面瓦楞纸板，其芯纸也是采用高档的木浆纸抄造，这种纸板可以直接用来制作容器，也可以用作容器的装饰材料。

10. 纸浆

纸浆可以直接用来制作纸浆模塑制品。用于此目的的纸板通常为苇浆和再生纸浆。

5.3　常规包装结构生产基本知识

5.3.1　机械制造流程

目前，折叠纸盒已经广泛采用机械制造，因此，这类纸盒也常常称为机制纸盒。机制纸盒除了需要在其表面印刷精美的图案和文字外，还得将最终纸盒展开的形状（也叫盒片，见图5-1）切出来并在需要折叠的位置事先压出折痕线（也叫压痕线），这一操作叫作模切。模切工艺需要用一种称为刀版（图5-3）的工具来完成纸盒的裁切和压痕。

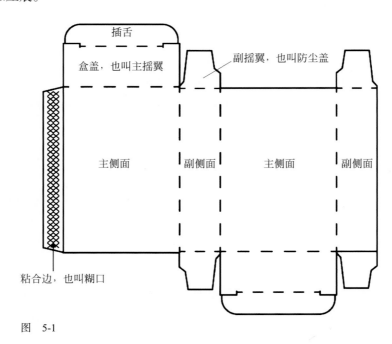

图　5-1

机制纸盒的制造流程如下。

备料→制版（包括印版和刀版）→印刷→印后处理（包括覆膜、裱瓦楞等）→模切→整理（包括分离、去废料等）→糊盒→检验→包装。

5.3.2　纸纹方向的确定

纸板的纸纹方向是由于纸板抄制时的机器定向运动而造成的。一般情况下，纸纹方向的设置应垂直纸盒的主压痕线，也就是说，纸纹方向应与盒体的环绕方向相垂直（图5-2）。这样设置纸纹方向可以使盒体的4个主体面非常平整，避免产生鼓胀现象，有利于纸盒在高速自动包装线上的正常工作。

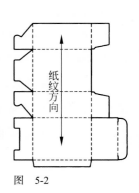

图　5-2

5.3.3　刀版

刀版是用来对印制好的纸板进行压痕、模切以形成纸盒盒坯（盒片）所必需的工具。刀版大多由多层胶合板作为版材，利用锯切或激光切割的方式在胶合板上切出与盒片形状相匹配的刀槽，然后将刀片（俗称钢线）镶入刀槽而形成的。刀片的形状如同日常使用的钢板尺，其一边被制成圆弧形以制作压痕线用，称为压痕刀；或者磨出刀口以切开纸板用，称为切边刀。刀片的宽度和厚度与制盒纸板的厚度有关，一般情况下，纸板的厚度越大，刀片的厚度也越大，最常用的 250~450g/m² （厚度通常为 0.3~0.5mm）纸板所用的刀片宽度通常为 24mm，厚度为 0.74mm。

从形态上看，刀版可以分为平刀版与圆刀版两种。平刀版结构简单，价格较低。但由于工作时采用间歇运动，所以生产效率低且振动大。圆刀版相当于将平刀版卷成一个圆桶状，工作时采用连续运动，运动平稳，基本无振动、无噪声。但其制作工艺复杂，成本很高，所以目前在纸盒制造中较少使用。

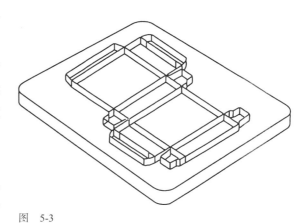

图 5-3

从组成形式上看，刀版可分为单联刀版和多联刀版。图 5-3 所示即为一种单联刀版。而多联刀版是一个版面上排出多个盒片，使用这样的刀版生产效率高，且由于多个盒片空白处相互嵌套，大大节省了材料。因此，多联刀版是目前使用最广泛的一种刀版。

5.3.4 压痕线与让刀位

图 5-2 中盒片图上的虚线就是压痕线，它是在模切过程中形成的。如图 5-4 所示，在模切过程中，模切刀片自上而下地将纸板压入背衬上预先制作好的缝隙（也叫压痕线）中，从而形成盒片上的折痕。由于纸张属于非塑性材料，经压痕后，盒片的尺寸将会在垂直压痕线方向产生收缩，导致最终生成的纸盒尺寸变小。因此，在绘制盒片工作图时，必须考虑到这些收缩量，并适当放大盒子尺寸予以补偿。一般原则是，对于厚度较小的纸板（如小于 1mm），每条压痕线的补偿量为一个压痕刀片的厚度（0.74mm，习惯上取 0.7mm）；对于厚度较大的纸板（如瓦楞纸板），则每条压痕线的补偿量为 1.5~2 倍的纸板厚度。这一补偿量就叫作压痕线宽度。实际上，压痕线宽度的选取是一个比较复杂的问题，对于一般纸盒，上述一般原则基本可以满足实用要求，而在一些特殊场合，如硬壳香烟盒，则需要精确计算。目前，压痕线宽度尚无一种统一的标准算法，各印刷厂通常采用各自总结出来的经验数据作为压痕线的宽度。

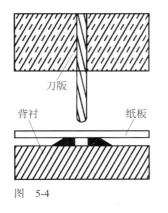
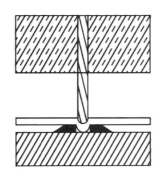

图 5-4

在最终成型的纸盒上,常常有一些部分被另一些部分所叠压。另外,一般总有一些面需要互相粘贴。为了保证纸盒折叠自如,且成型后形状规整,一些压痕线必须偏离其理论位置。这样的处理就叫作让刀位,简称让刀。

关于压痕线宽度及让刀位的具体应用将在下面举例介绍。

5.3.5　工作图纸

工作图纸是指生产用图纸,纸盒的工作图纸就是纸盒的盒片图,即三维纸盒展开后的平面图形。盒片图的绘制与机械图纸的绘制类似,不同之处在于:盒片图仅需一个视图且图中的非关键尺寸允许不标注。目前,国际上已制定了纸箱的制图标准,但对于纸盒制图,尚无标准推出。本书中的盒片图参照纸箱制图标准并根据行业习惯,采用实线作为盒片的裁切线,短画虚线作为压痕线,网格线作为涂胶区。

在图 5-1 所示的盒片中,设纸盒的内部尺寸为 100mm×80mm×30mm,纸板的厚度为 0.3mm,则三维效果如图 5-5 所示,其工作图纸如图 5-6 所示。从图 5-6 中可以看出,各压痕线的宽度和让刀位已被加到图纸中。同时,还有其他的尺寸调整。

添加压痕线宽度的一般原则:在一个面上有一条压痕线时,则该面上对应的标注尺寸就增加 1/2 压痕线的宽度;而当一个面上有两条压痕线时,则该面上对应的标注尺寸就增加一个压痕线的宽度。例如,图 5-6 中右主侧面的制造尺寸为 80mm,由于该面左右两侧均有一条压痕线,于是其标注尺寸为 80.7mm。而图 5-6 中右副侧面的内部尺寸为 30mm,在图中标注的尺寸为 30mm。遵从上述一般原则,由于该面上只在左边有一条压痕线,应当加 1/2 压痕线的宽度,即 30.35mm,这似乎小了 0.35mm。从图 5-5 中可以看出,该面与粘合边粘结在一起。若该面的宽度减去一定的量,则在粘结后的一端将与纸盒后表面平齐(图 5-7)。这不仅在造型上不美观(好像该面从纸盒后表面伸出了一段),而且纸盒的粘结面容易从这里被撕开(伸出的部分无胶)。

当利用自动糊盒机进行糊盒时,机器首先在糊口的外面(图 5-6 的背面)涂胶,然后将左边主侧面连同糊口沿主侧面右边的压痕线对折 180°;将右侧面沿其左边压痕线对折 180°,如图 5-8 所示。若在与糊口粘

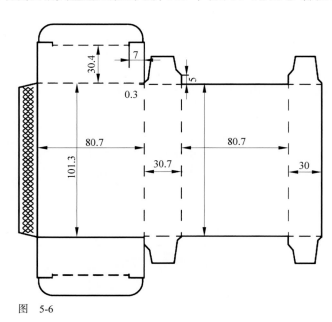

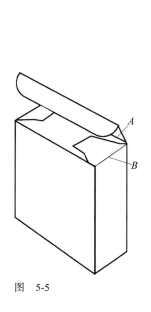

图　5-5　　　　　　　　　　图　5-6

结的副侧面上不适当地减少一定的宽度，则在糊盒过程中副侧面的外棱边就有可能压住糊口上的压痕线，致使糊盒失败。尤其是对瓦楞纸板制成的纸盒与纸箱，可能使糊口完全粘不住。

图 5-6 中盒盖与防尘罩水平压痕线间 0.3mm 的距离就是典型的让刀。从图 5-5 中可以看出，纸盒成型后，盒盖将要包装防尘罩。由于防尘罩在折叠 90° 后，纸盒在这个位置上将高出约一个纸的厚度。为了让盒盖能够顺利地折下，其折叠位置（图 5-5 中的线 A）就必须比防尘罩的折叠位置（图 5-5 中的线 B）高出一个纸板厚度。若无此让刀，则在纸盒成型时这两条压痕线的交点处将有可能被撕裂。

另外，注意图 5-6 中左主侧面的尺寸。有人认为该尺寸应当比左主侧面宽一个纸板的厚度；否则成型后的纸盒横截面将呈梯形。事实上，在糊盒时，带有糊口的主侧面将绕其右侧的压痕线折叠 180°，而右侧的副侧面也会绕其左侧的压痕线折叠 180°，并与糊口粘合。若将左主侧面的尺寸放大，只会使副侧面的边沿与糊口压痕线间的距离变大，纸盒的横截面积为梯形。

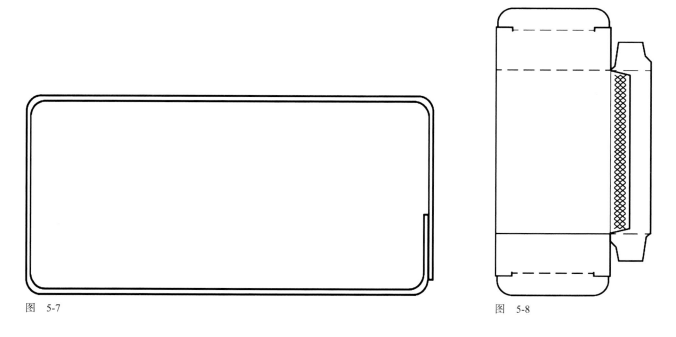

图 5-7   图 5-8

图 5-6 中的水平箭头在工作图纸上标明纸板的纹向。一般情况下，纸板的纹向应垂直于主压痕线（通常为长度最长的、构成纸盒主要轮廓的压痕线）。需特别说明的是，纸板纹向不得与主压痕线有任意的夹角，否则成型后的纸盒将会产生扭曲、站立不稳的现象。

应当强调指出的是，图 5-6 所标注的尺寸均为设计时的理论尺寸，若完全按照这些尺寸来生产纸盒，可能导致废品的产生。在实践生产中，通常是按照理论尺寸对盒片进行白盒打样，然后对打样后的盒片成型，并仔细检查其各部分尺寸是否满足使用要求。通常需要对压痕线、让刀位等工艺参数进行多次调整才能得到满意的制品。一个典型的情况就是，实际的让刀位通常并非纸板厚度的整倍数。因此，许多印刷厂常会用纸板指定其当量厚度（供应商只提供纸板的定量值，不保证其厚度），并以此当量厚度作为工艺参数的计量单位。

在设计纸盒包装时，需要注意包装包含内部尺寸和外部尺寸，一般情况下，容器内部尺寸应比包装物的对应尺寸大 1~5mm，以便被包装物的取放。对于形状比较规矩的被包装物，应取小些值；反之取大些值。注意，这里所讲的被包装物尺寸还包括容器中的填充物的尺寸（如果有填充物）。

5.4　管式折叠纸盒

　　折叠纸盒是商业包装中最常见的纸盒，而管式折叠纸盒又是折叠纸盒中使用最多的一种。其盒盖所在的盒面是众多盒面中面积最小的，如牙膏盒、胶卷盒等，其结构简单、成型方便，绝大多数管式折叠盒在不使用时都可以压成片状，节省储运空间及储运费用。

　　管式折叠纸盒是由一页纸板折叠，边缝接头通过粘合，而盒盖、盒底必须采用摇翼组装固定或封口的一类纸盒。其结果变化多在盒盖和盒底部位。

5.4.1　盒盖结构

　　管式折叠纸盒的盒盖通常由主摇翼、副摇翼及插舌组成。其中，主摇翼起到盒盖和盒底的作用，副摇翼主要起密封及支撑主摇翼的作用，插舌起封口作用。

1. 插入式

　　插入式盒盖的结构最为简单，一般其插舌与副摇翼没有什么特殊的结构，主要利用两者间的摩擦力进行封口，如图 5-9 所示。

　　由于插入式盒盖的密封方式是利用插舌与摇翼之间的摩擦力，因此，副摇翼一侧的倾斜角不宜过大，一般以 15° 内为宜。

　　图 5-9 所示的结构有时被称为对插式，这是因为其两个盒盖的方向是相反的。实际中常常还用到一种称为飞机式的结构，是根据其盒片形状而命名的，如图 5-10 所示。飞机式结构的两个盒盖向相同方向向上插合，它实际上暗示着与盒盖相对的那个侧面为盒子的正面，主要图形文字应安排在这一表面上。

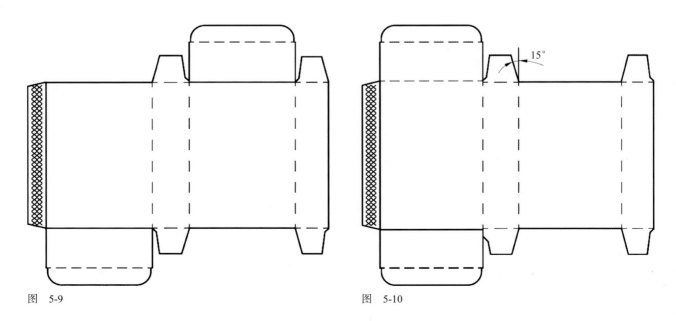

图　5-9　　　　　　　　　　　　　　　　　图　5-10

2. 插卡式

插卡式（图 5-11）盒盖的结构特点在于副摇翼的一个侧面（对应于插入式的倾斜边）上有一小段直线，它起到锁叉的作用，而在插舌与盒盖的结合部有一个小槽口，它起到锁孔的作用。当插舌插到位后，副摇翼上的直线段就嵌入到小槽口中，从而锁住盒盖，防止纸板的反弹力而使盒盖张开。

插卡式盒盖的设计要点：副摇翼上直线段的长度应比槽口的长度小 2~3mm，以保证它能够嵌入到槽口中；对于普通单层纸盒，槽口只需切开即可；对于较厚的纸板，如双层裱合纸板、瓦楞纸板等，槽口必须有一定的宽度，且一般其宽度应略大于纸板的厚度。

为了避免摇翼之间的干涉，并保证锁合的可靠性，常常还将副摇翼的结构做一些改进，如图 5-11 所示，副摇翼靠近主摇翼一侧的缩进起到防蹭的作用。这样，虽然增大了刀版的制作难度，并使生产成本略有提高，但纸盒的结构却更趋合理，使用更为方便。

应当强调的是，纸盒糊口位置的安排是十分重要的。若其位置不当，糊口将与插舌发生干涉，使插舌无法插入。一般原则是：糊口应与主侧面（较宽那个侧面）相连；保证纸盒成型时粘合好的糊口与插舌所插入的表面不是同一个表面。

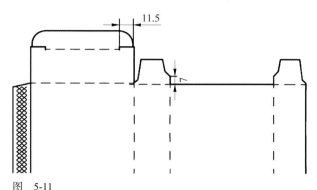

图　5-11

3. 锁口式

锁口式盒盖的结构特点是插口与插舌设计在其摇翼上，如图 5-12 所示。这种结构的优点是封口比较牢固，但封合和开启则稍显麻烦。

锁口式插口与插舌形态多变，尺寸要求较严格且计算复杂，目前已很少使用。

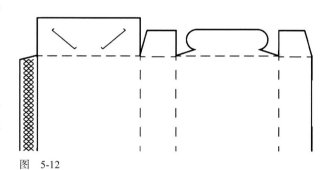

图　5-12

4. 插锁式

插锁式盒盖的结构特点是在封口部位设计一个结构，以将封合的盒盖锁住，如图 5-13 所示。这种结构的优点是封口相当牢固，且封合和开启都比较方便。

插锁式的锁合结构也具有多种形式，对于大型纸盒还可以设计多个锁合结构。

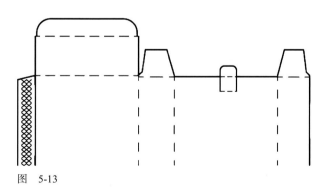

图　5-13

插锁式盒盖的设计要点：设置在纸盒侧面上的插锁的插舌的宽度比盒盖上开槽的长度要小些（1~3mm）；当采用双层裱合纸板或瓦楞纸板制造纸盒时，盒盖上开槽的宽度应比纸板的厚度大 1mm 左右，对于单层普通纸板，开槽只需切开即可。另外，插锁锁身的高度应比其插舌的宽度大 3~5mm，以免影响插锁的锁合与开启。

5. 连续折插式

连续折插式盒盖又称为连续摇翼窝进式盒盖，其封口是利用各摇翼相互嵌插来实现的。该结构封合可靠，且封合后的外形比较美观。因此，虽然其设计比较复杂，封合与开启略显麻烦，但仍被广泛应用在化妆品及儿童小食品的包装上。

连续折插式盒盖的结构如图 5-14 所示。

这里展示的是一个六柱形纸盒，因此其各摇翼左侧的边与盒盖平面的夹角为 60°，其长度与纸盒一个侧面的宽度相等。若纸盒为四棱柱，则其夹角为 45°，长度为纸盒一个侧面的 0.866 倍。这样做的目的是为了保证在纸盒封合后，各摇翼左侧面与圆弧的交点重合。

连续折插式盒盖通常用于六棱柱形纸盒，有时也用于四棱柱形纸盒、八棱柱形纸盒，偶尔还用于奇数棱柱，如五棱柱形纸盒中。摇翼的顶部不一定采用圆弧，还可以采用其他更为奇特的造型。

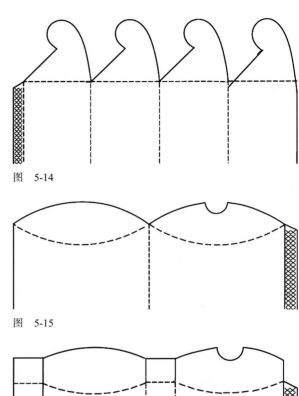

图　5-14

图　5-15

6. 掀压式

掀压式盒盖是通过将盒盖沿一曲线折叠，利用纸板的弹性自行锁合的一种盒盖结构，如图 5-15 和图 5-16 所示。该结构的特点是结构简单、制造方便。但其封合效果不是很好。通常用来包装香皂、颗粒状糖果等。

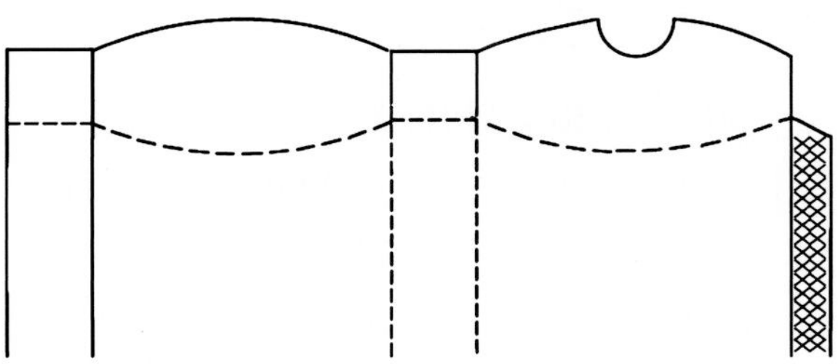

掀压式盒盖的设计要点：盖盒上的弓形折线从理论上讲是一条空间曲线，而实际设计中常用一段圆弧代替。圆的弦高应适当，过大则不易折叠，甚至根本无法折叠；过小则在封合后常会自行弹开，封合效果差。弦高的具体值应根据所用纸板的材质、厚度通过实验来确定。

图　5-16

5.4.2　盒底结构

管式折叠盒的盒底结构不仅与盒盖结构一样，起着密封和封口的作用，而且还要承担起承载被包装物重量的作用。因此，它比盒盖结构更为复杂。

对一些重量、体型不太大的被包装物而言，上述的盒盖结构也可以作为纸盒盒底结构。但对于重量、体型较大的被包装物，设计合理的盒底结构就显得十分重要。下面给出两种最常用的盒底结构实例。

1. 锁底式

锁底式盒底是利用摇翼相互嵌插形成的，由于纸板间的摩擦力，在被包装物的重压下，相互嵌插的摇翼不易脱开，从而起到承重作用。

图 5-17 所示为一种最普通的锁底式盒底结构。在成型过程中，首先折下带有凹槽的主摇翼，然后将两个副摇翼折下包住带有凹槽的主摇翼，形成一个插锁式的锁槽，最后将主摇翼上的凸块插入到锁槽中。

锁底式盒底设计要点：主摇翼上凹槽的槽底到主摇翼压痕线之间的距离为纸盒厚度的一半，凹槽的宽度可任意确定，一般取小于纸盒宽度的 2/3 为宜。若纸盒较宽，则可以设置多个凹槽，所有凹槽的总宽度应小于纸盒宽度的 2/3。由于凹槽的宽度可以任意确定，因而凹槽的槽底尖角

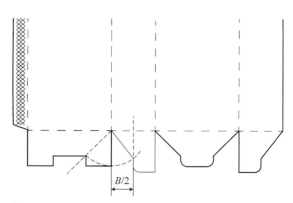

图　5-17

的位置往往是不确定的。而在盒底锁合后，要求副摇翼上斜边的自由端点与槽底尖角重合。因此，在设计时需要作一些辅助线以保证设计的准确性。具体做法如下。

（1）从主摇翼压痕线靠近副摇翼的那个端点向同一侧的槽底尖角画一条辅助线。

（2）在副摇翼所在的侧面上画一条铅垂的辅助线，其位置位于该侧面宽度的 1/2 处。

（3）以第一条辅助线的起点为圆心，从该点到其与槽底尖角的交点的距离为半径，画一段弧，与第二条辅助线相交。该交点即为副摇翼上斜边的自由端点。另一主摇翼上斜边的端点可以利用同一方法通过副摇翼斜边画出。

锁底式纸盒有一个明显的缺点，就是其盒底只能采用手工组装，相对于插入式等盒底而言，其组装过程稍显复杂。

2. 自锁底

具有自锁底盒底（图 5-18）的纸盒目前得到了极为广泛的应用。其原因在于，相对锁底式纸盒，自锁底纸盒的制造难度并没有变得更难，但其在使用时完全不需要组装。另外，自锁底盒底是利用粘合剂粘合而成的，其封合强度要比其他盒底高得多。

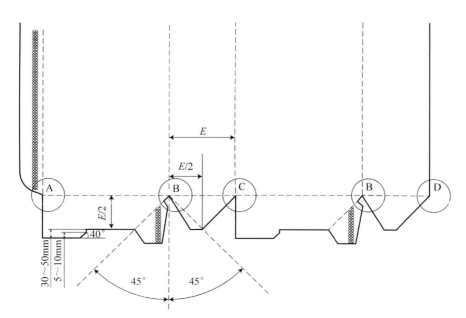

图　5-18

自锁底式盒底的设计要点与锁底式盒底类似,不同的是两个角辅助线的画法:从主、副摇翼的交点向左、右两边分别画45°(仅对矩形截面纸盒)辅助线,各自与主摇翼上所画的距主摇翼压痕线为1/2纸盒厚度的水平辅助线、副摇翼的中线交于一点。由这两点就可以定出其他结构要素的位置与尺寸。

为了方便填充时对纸盒的成型操作,防止糊盒时纸盒角隅出现撕裂现象,自锁底的盒底结构上存在很多让刀。下面对图5-19中的A、B、C、D 4个局部放大结构做进一步说明。

从图5-19中可以看出,各摇翼均向内缩进1~2个纸板厚度。这完全是因为自锁底结构在利用机器糊盒时许多面必须对折所致。

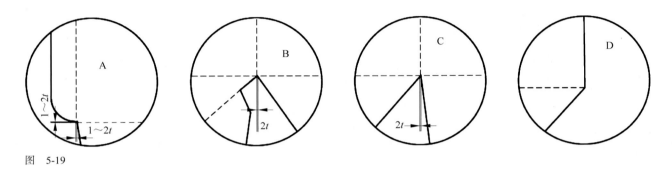

图   5-19

由于多次对折,在糊盒的过程中有些地方纸板重叠的层数可多达4层,若不事先预留一些空隙,某些部位就可能在折叠过程中被撕裂。因此,在A、B、C几个位置处均设计了让刀位,留下1~2个纸板厚度的空隙。

注意,在图5-19所示的D局部放大图中,其副侧面的端线与盒底上副摇翼的斜边的交点位于盒底压痕线的下方,而不是正好与压痕线的端点重合。这是由于两对盒底摇翼尺寸基本相同,而右边副侧面最后需要与粘合边粘结在一起,所以该面向内缩进了一定的尺寸,为了粘结后纸盒表面平齐。

图2-18中主摇翼上位于纸盒宽度1/2处有一段垂直的线段,其长度为5~10mm。在纸盒成型后,两个主摇翼上的这段直线相互嵌插,并在根部重合。设置这段直线的目的是利用摩擦力使盒底保持平整状态,防止由于盒底的回缩而使成型失败。而这小段直线下面的40°斜线则是为成型时起导向作用,因此角度不宜过大。各摇翼上的自由端不宜过长,以30~50mm为宜(过长可能会影响纸盒的成型)。

5.4.3 设计中常见的错误

由于设计者对纸盒结构形式以及对结构功能理解不深,在实践中常常见到一些设计错误的案例。例如,在盒片图中未留出压痕线的宽度以及未设计让刀位就是一种常见的错误。一般而言,这样的错误对最终的包装可能不会造成较大的影响。一些大中型印刷厂常常会对用户所提供的图纸进行审核,对不正确的设计进行适当修正。但是,有些错误是难以修正的,常常会导致整个设计失败。

(1)图5-20就是一种最常见的错误结构。这种错误出现的频率很高,其主要原因是设计者混淆了插入式与插卡式的结构特点,或是不理解这些结构的功能。

图5-20左图采用了插入式的副摇翼、插卡式的插舌结构;而图5-20右边采用了插卡式的副摇翼、插入式的插舌结构。

图5-21则是另一种常见错误。将糊口设置在插舌的一面

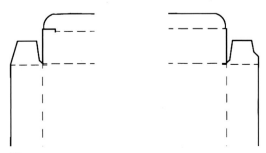

图   5-20

上，这将导致封盖的困难。当利用自动装填机进行装填时，将导致封口失败。其原因主要是设计者空间想象力较差，或者是对封口方式及工艺理解不够，或者对纸盒结构掌握不足。

图 5-21 所示的盒片图经过成型后的效果如图 5-22 所示。图 5-22 中虚线所示为粘结后的糊口，它位于纸盒前主侧面的内侧。然而，当纸盒封口时，盒盖上的插舌也要插到纸盒前主侧面的内侧。这时，插舌将与糊口发生干涉，使得封口困难甚至失败。

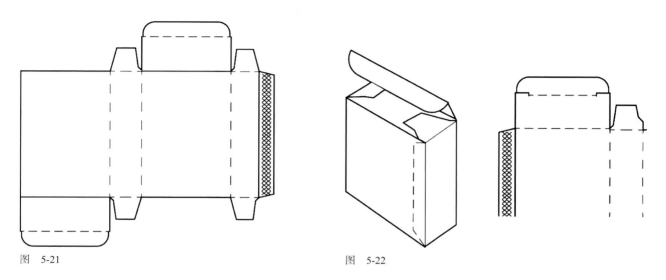

图　5-21　　　　　　　　　　　　　　　　　　　图　5-22

（2）错误设计的改进。目前市场上包装纸盒中的错误设计屡见不鲜。这里通过一个实例来说明如何改进一个错误的设计，使其趋于合理。

图 5-23 是一个月饼包装的三维效果图，其盒片图如图 5-24 所示。该纸盒的成型过程如图 5-25 和图 5-26 所示。通过仔细观察可以发现，该纸盒至少存在两个错误：一是插舌与糊口发生干涉；二是纸板浪费过多（外层包裹过多）。

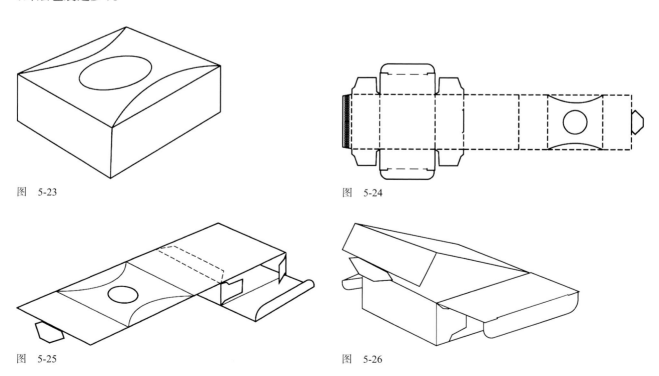

图　5-23　　　　　　　　　　　　　　　　　　　图　5-24

图　5-25　　　　　　　　　　　　　　　　　　　图　5-26

为了解决第一个问题，可以通过调整主、副面的位置，使糊口与副侧面粘合。改进后的盒片图如图 5-27 所示。

为了解决第二个问题，需要对盒片图进行大的调整，以在造型不变的前提下尽可能地减少纸板的用量，改进后的盒片图如图 5-28 所示。改进后纸盒的用纸量比原来减少了 30%。其成型过程如图 5-29 所示。

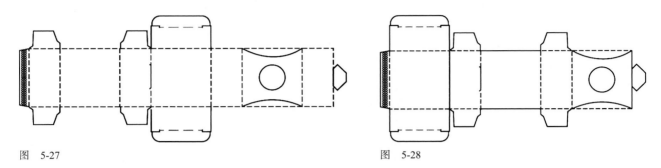

图 5-27　　　　　　　　　　　　　　　　　　　　　　　图 5-28

管式折叠纸盒的外形多变，结构变化极多。同时，在生产实践中不断地有新结构出现，且许多结构尚未命名。但无论其结构变化多么复杂，通常均是由 5.4.1 小节中所介绍的几种基本结构演变而来。

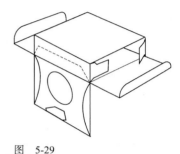

5.5　盘式折叠纸盒

图　5-29

盘式折叠纸盒是折叠纸盒中使用较多的一种，尤其在糕点和服装包装领域，大多采用这种纸盒。盘式折叠纸盒结构简单，但成型大多需要手工操作。盘式折叠纸盒在不使用时一般不可以压成片状，因此，通常以盒片形式进行储运。盘式折叠纸盒形式多样，但其变化大多在盒盖上，盒底通常无变化。

盘式折叠纸盒是由一页纸板四边以直角或斜角折叠成主要盒型，有时需要在角隅处进行锁合或粘合，如果需要，一个盒型的侧面可以延伸形成盒盖。与管式折叠纸盒不同，这种盒型在盒底几乎无变化，主要的结构变化发生在盒体侧面。

一般而言，盘式折叠纸盒盒底、盒盖所在的面是盒体中各个面中面积最大的。

5.5.1　盘式折叠纸盒成型方法

盘式折叠纸盒的成型方法主要有对折组装、侧边锁合和盒角粘合。

1. 对折组装

对折组装成型是目前使用最为广泛的盘式折叠纸盒成型方法。图 5-30 所示为最常用的对折组装盘式折叠纸盒的盒片，其设计要点：在 4 个侧面中，内侧面的高度比外侧面的高度小一个纸板的厚度 t，即外侧面的高度为纸盒的高度 H，内侧面的高度为 $H-t$。对折组装过程如图 5-31 所示，从图中可以看出，对折组装实际上是利用盒片各部分之间的互锁来保持盒型的。这种组装方式方便快捷、操作简单，任何人无须训练即可完成。

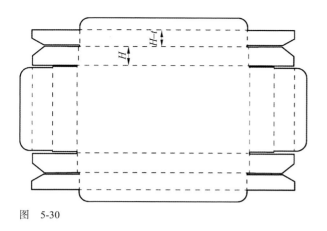

图　5-30

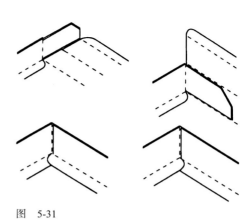

图　5-31

2. 侧边锁合

图 5-32 所示为侧边锁合的盘式折叠纸盒的盒片图，其组装后的效果如图 5-33 所示。

从图 5-33 中可以看到，侧边锁合盘式纸盒是利用其内侧面上设置的搭扣结构相互锁合来保持盒型的。

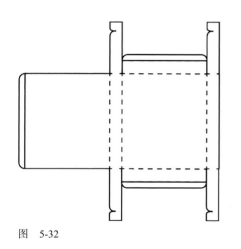

图　5-32

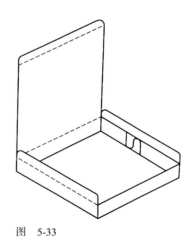

图　5-33

3. 盒角粘合

盒角粘合盘式折叠纸盒是利用在盒角处涂胶粘结而使纸盒成型的一种纸盒。其粘合方式多种多样，图 5-34 所示为常用的一种粘合方式，其成型后的效果如图 5-35 所示。

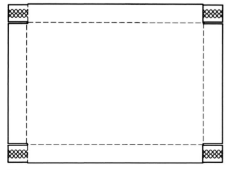

图　5-34

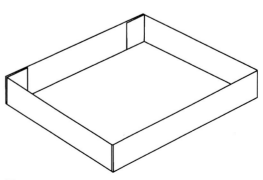

图　5-35

5.5.2　盒盖结构

与管式折叠纸盒相同，盘式折叠纸盒的盒盖结构也是多种多样的。其中有些结构是盘式折叠纸盒所特有的，而有些则与管式折叠纸盒的盒盖结构完全相同。

1. 罩盖式

罩盖式（图5-36）盒盖结构可以说是设计最为方便的一种盒盖结构。其结构通常与盘式盒体几乎完全一样，只是尺寸比盘式盒体略大而已。在大多数场合下，对折组装纸盒均采用罩盖式盒盖。

关于罩盖式盒盖的尺寸计算，许多资料中给出了一些计算公式，但这些计算公式主要是针对瓦楞纸箱的，对于用普通纸板制造的盘式纸盒而言，其实用价值不大。一般而言，盒盖的长、宽制造尺寸比盒体的对应尺寸大3~5mm即可。至于盒盖的高度，通常受两种封合形式的制约：天罩地式，盒盖将盒体完全罩住 [图5-36（a）]，这时，盒盖的高度比盒体的高度大2~3个纸板厚度即可；盖帽式，盒盖仅将盒口封住 [图5-36（b）]，这时，盒盖的高度可以根据保护性、实用性、方便性和审美等因素来确定。

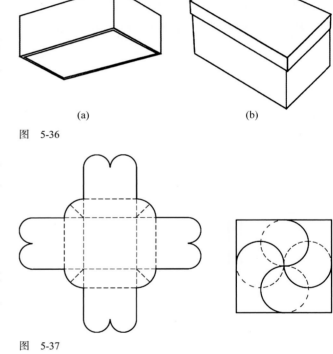

(a)　　　　　　　(b)

图　5-36

图　5-37

2. 摇盖式

摇盖式盒盖是将盒体的一个侧面延长而形成的。图5-32所示的侧边锁合盘式纸盒就是一种典型的摇盖式盒盖。

3. 插撇式

插撇式（图5-37）盒盖的结构与管式折叠纸盒中的连续折插式盒盖结构相似，是将盒盖的插翼适当延长，并相互嵌插实现封口。

4. 锁口式

盘式纸盒的锁口式盒盖与管式纸盒的对应盒盖相同，这里不再赘述。

5.6　粘贴纸盒

粘贴纸盒是指用较厚的纸板做成骨架，然后用纸张或其他材料裱糊成型的一类纸盒。这类纸盒由于尺寸可以做得较大，而且其外裱纸又是单独印刷的，因此可以印制幅面较大、图案精美的装潢和长篇的说明文字，具有很强的宣传作用。

5.6.1　粘贴纸盒的常用材料

制作粘贴纸盒的材料主要可分为两类，即骨架和裱糊材料。

骨架材料主要采用厚纸板，其厚度为 1~3mm。对于较薄的纸板，可以采用模切压痕的方式制成盒片，然后折叠成型；对于较厚的纸板，由于压痕时容易将其压断，所以常常根据纸盒成型后的各表面将纸板切开形成一个个分离的部件，然后拼接成型。

裱糊材料选材范围相当广泛，可选的材料有道林纸、铜版纸、玻璃卡纸等较高档的纸张，还可以选用丝绸、丝绒、尼龙布等编织品。由于纸张的印刷性能良好且价格低廉，因此其使用最为广泛。然而，对于高档商品，如珠宝、首饰、高档手表、高档金笔，粘贴纸盒的裱糊材料常常选用绸缎和丝绒，且采用烫金处理。

5.6.2　粘贴纸盒的成型

粘贴纸盒成型过程大致可分为两步，即骨架成型和裱糊。

骨架成型时，若纸板厚度较小，已通过模切压痕制成了盒片，则只需要将盒片折叠成型即可。应当说明的是，粘贴纸盒的盒片上没有预留的糊口，因此在将盒片折叠成型时常常需要将接缝处另外用纸片粘上（称为粘角）以免在裱糊时纸板张开。对于较厚的纸板，由于其各表面均为分离的部件，所以必须利用粘角工艺来成型。

成型后的骨架必须通过裱糊才能最终成盒。一般而言，为了批量生产，裱糊材料也必须有工作图纸。裱糊材料的工作图与折叠纸盒的盒片图相似。

图 5-38 至图 5-41 所示为粘贴纸盒的盒片图及其成型过程。

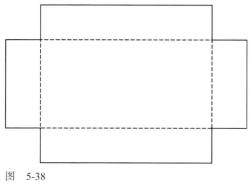

图　5-38

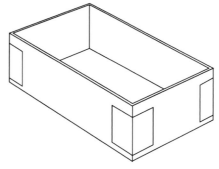

图　5-39

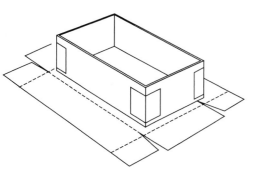

图　5-40

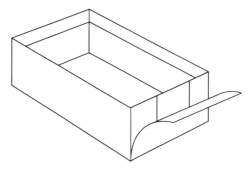

图　5-41

从图 5-40 和图 5-41 中可以大致看出裱纸的工作图，这里就不再叙述了。

图 5-42 和图 5-43 显示出另一种粘贴纸盒的成型过程。

从图 5-42 中可以看出，该纸盒是由两个部件组成，即盒身和盒底。实际上，该纸盒也可以由一个部件构成，将图中标有字母 C 的边重合成一条边（压痕线）即可。但这样做将会带来两个问题：一是盒底成型有一定困难；二是会导致材料浪费。

从图 5-43 中可以看出这种纸盒的成型过程：先用全身包裹住盒底（盒底各面的尺寸应比盒身上的对应尺寸小一个纸板的厚度），必要时还需粘角；然后用盒底裱纸将盒底粘牢；最后用盒底裱纸糊盒身，并粘好裱纸的翻边。

这仅仅是粘贴纸盒的盒身，还得加上一个盒盖才能成为完整的纸盒。图 5-44 就是最终成型纸盒的三维效果图。从图中可看出，盒盖的结构与盒身、盒底的组合完全相同，只是其高度要小得多。另外，为了保证盒盖与盒身的装配，还需在盒身的上端再附加一个止口。止口的结构与尺寸读者可以从图中推出，这里不再赘述。

前面曾讲过，为了方便批量生产，纸盒的设计还需提供裱纸工作图。图 5-45 就是图 5-42 纸盒的裱纸工作图，图中双点画线表示出的为盒片图的范围。

图 5-46 所示为某种粘贴纸盒成型后的三维效果图。这种纸盒形体比较大，通常用来包装中高档茶叶。在包装茶叶时，该纸盒通常用作外包装，而在其内部还常常分装成多个小包装容器。

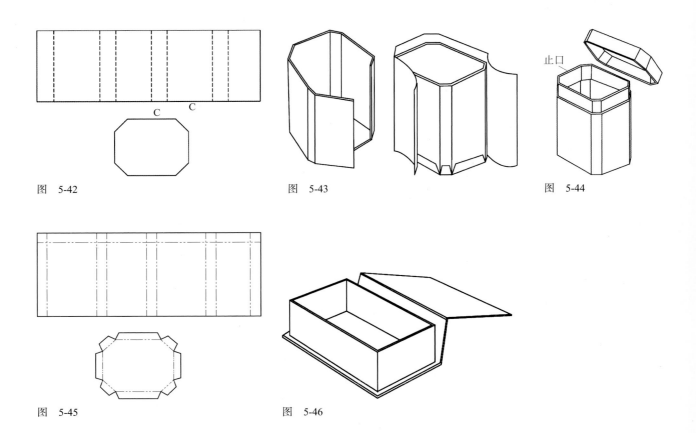

图　5-42   图　5-43   图　5-44

图　5-45   图　5-46

图 5-47 至图 5-51 给出了这种较厚纸板粘贴纸盒的成型过程。

从图 5-47 可以看出，该纸盒是由 7 个部件组成的，其中尺寸最小的 4 个部件构成了纸盒的盒身，尺寸最大的两个部件用作盒盖和盒底，尺寸为 305mm × 105mm 的部件作为盒盖与盒底的连接边。

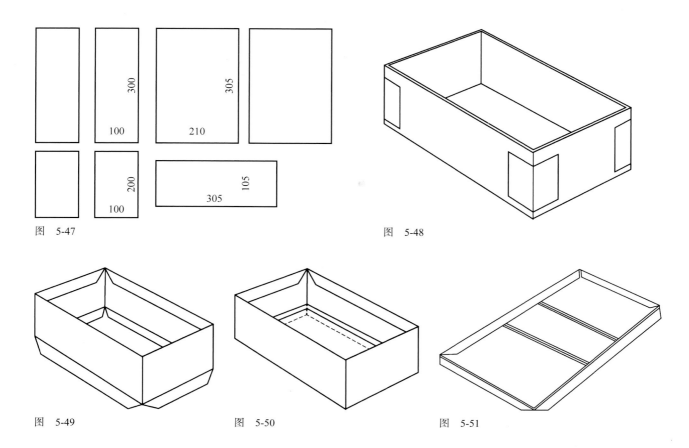

图　5-47

图　5-48

图　5-49

图　5-50

图　5-51

图 5-48 所示为盒身组装的第一步，即对组成盒身的各种部件进行粘角处理。图 5-49 所示为盒身组装的第二步，即裱糊盒身。图 5-50 所示为盒身组装的最后一步，即贴盒底裱纸。贴盒底裱纸的目的有两个：一是出于美观的考虑，一般采用道林纸；二是为了方便以后与盒底的粘结。若仅利用外裱纸的 4 个翻边与盒底粘结，其粘结强度较低。而有了盒底裱纸，则大大增加了涂胶面积，从而提高了粘结强度。

图 5-51 所示为盒盖与盒底的组装。注意，由于这 3 个部件在工作时会相互折叠，因此在组装时应当在它们之间留下 1~1.5 个纸板厚度。在用外裱纸将 3 个部件连接成一体后，还需在其翻边上再裱一层道林纸或铜版纸，其目的主要是为了美观，其表面可以事先印刷设计的图形和文字。

■课程作业：

1. 根据产品结构，寻找合适的常规包装结构模型进行参考制作。

2. 包装结构与产品结构相互呼应，采用标准尺寸，不能偏大或偏小，呈现结构上的美感。

3. 含 3 个以上不同的包装结构，风格统一，成系列。

4. 包装成品做工精细，效果接近机械生产的成品。

DESIGN

第 6 章
包装视觉传达设计

　　导读： 在包装的视觉传达设计课程中，包装信息的主要内容包含品牌标志、产品名称、产品广告语、产品辅助图形、产品生产信息、产品使用说明等。注意，不同的产品，其信息也有所不同。虽然现代产品的种类繁多，但是同类产品之间的视觉传达信息还是有其行业惯性的，初学包装设计者可以根据自己选择的包装产品，在市场上寻找同类的产品包装学习其内容，甚至可以套入到自己的设计选题当中，这部分应该在项目调研时完成。有了完整、可信的包装视觉传达信息内容，才能展开下一步的设计内容。

　　视觉传达设计的内容主要是文字、图形、版式，其实就是把所有的产品信息经过设计传递给顾客，是视觉传达设计专业的内容。在学习包装设计课程之前，学生已有相应的知识储备，特别是企业形象设计这门核心专业课程，其围绕理念、行为、视觉三大部分展开的视觉识别系统设计包含企业标志设计、标准字体设计、标准署式设计、辅助图形设计、各应用系统项目设计，而包装设计课程的视觉传达设计也同样包含品牌标志设计、字体设计、辅助图形设计、平面展开图设计等内容，从设计方法和设计思路上讲，两者是一脉相承的，有该课程学习背景的学生在这部分内容的学习中会更加得心应手。需要说明的是，企业形象设计与包装设计还是有所区别的，企业形象设计是围绕企业的理念和行为识别展开的，针对的是企业；而包装虽然在某种程度上也属于企业形象的一部分，但包装设计是针对产品能被顺利贸易的功能需求展开的，首先针对的是产品。

6.1　品牌发展的现状

当今社会，企业品牌的发展是单一品牌或者多品牌并行。

单一品牌，一般是企业在该行业里以某种产品起家，规模日渐壮大，依赖产品质量和服务建立起良好的口碑，品牌知名度已为人们所熟知，为了追求更大的经济效益，企业往往期望涉足不同的产业，生产更多种类的产品。这种类型的企业利用原有产品品牌的影响力，辐射新的产品。很多企业认同这种单一品牌战略，是因为借着固有优良品牌的辐射，能比较快地带动新产品的销售，但这种做法往往是以牺牲原有产品品牌为代价，因为成功的产品是由技术、金钱、时间的沉淀换来的口碑，来之不易。不成熟的新产品可能会带来未知和生涩的连锁反应，降低人们对于该品牌产品的评价和忠诚度，俗话说术业有专攻，同一品牌旗下不同类型的产品越多，越容易让人产生该产品不够专业的错觉，毕竟在很多不同的领域投入了，就会分摊该企业对于改良产品的专注力和减少资金的专项投入，同样也会模糊人们对于该品牌核心价值的认知。

人对产品有不同的需求，如不同的价格、功能、审美等，单一的品牌很难满足消费者的愿望，所以在企业资金充裕的条件下，创建新的品牌有助于企业争取利益的最大化。但是需要注意的是，新品牌应该完全独立于企业原有品牌，因为只有这样，新品牌的产品才能真正区别于原有品牌，无论新品牌最终是成功还是失败，都不会对原品牌产生严重影响，但是这需要企业花费更多的时间、精力、技术和金钱。

后者的代表如宝洁公司和联合利华。

宝洁公司始创于 1837 年，是世界上最大的日用消费品公司之一。宝洁公司通过其旗下品牌服务全球大约 50 亿人。公司拥有众多深受信赖的优质、领先品牌，图 6-1 包括帮宝适、汰渍、碧浪、护舒宝、潘婷、飘柔、海飞丝、沙宣、佳洁士、舒肤佳、Olay、SK-Ⅱ、欧乐 B、吉列、博朗。1988 年，宝洁公司进入中国，落户在广州，在北京设有研发中心，并在天津、上海、成都、太仓等地设有多家分公司及工厂。30 多年来，宝洁公司在中国的业务取得了飞速的发展，成为中国最大的日用消费品公司，飘柔、海飞丝、舒肤佳、玉兰

图　6-1

油、帮宝适、汰渍及吉列等品牌在各自的产品领域内都处于市场领先地位。作为普通的消费者，不认真观察产品包装上的信息，是很难发现他们选择的飘柔和海飞丝是来自于同一个企业的产品，因为它们从定位、功能、审美到价格是完全不一样的。

联合利华公司即联合利华集团，是由荷兰 Margarine Unie 人造奶油公司和英国 Lever Brothers 香皂公司于 1929 年合并而成。总部设于荷兰鹿特丹和英国伦敦，分别负责食品及洗涤用品事业的经营。联合利华在全球有 400 多个品牌（图 6-2 是其中的部分品牌），自 1986 年至 1999 年，联合利华在中国已投资 8 亿美元，创立了 14 家合资企业，引进了 100 多项先进的专利技术。旁氏、力士、夏士莲、奥妙、中华、立顿黄牌、和路雪等 13 个品牌分属家庭及个人护理用品、食品、冰淇淋 3 个系列的产品，使得在中国贴有联合利华标签的产品已经可供开设一家很像样的商店了，并且关系着人们日常生活的各个方面。

图　6-2

目前，我国企业品牌意识越来越强，很多企业渐渐意识到品牌的作用与意义，跟随现代设计的步伐与时俱进、推陈出新，但是多品牌并行的情况并不普遍，关于单一品牌和多品牌的优缺点，还需不断地研究和推广。包装设计虽然属于企业形象的一部分，但是要考虑到所设计的包装所隶属的品牌是什么？定位是什么？

6.2　产品名称与品牌名称

一般情况下，由于包装的体积大小有限，每个面都肩负着不同的使命，包装最重要的面就是朝向消费者的那一面，有些包装会设计有两个正反一模一样的面，它载有产品最重要的信息，如品牌的标识、产品的名称、产品的规格、产品的辅助图形、产品的广告语等几项主要内容，帮助消费者浏览后能快速决定是否购买这个商品。而包装的侧面主要放一些相对不那么重要的信息，如生产商、产品成分、产品使用说明、产品注意事项等内容，一般文字内容较多，使用的字号较小。需要注意包装的底面一般不放任何产品信息，这是为了避免查阅这些信息时倒转包装，导致产品掉出而损坏。包装正面的内容并不是一成不变的，它可以根据需求而改变，如一些简约的包装设计，其正面就常常没有产品的广告语、产品的辅助图形。

品牌名称与产品名称在包装视觉设计里哪个更重要，并没有一定的标准，具体还是要看销售的需求。图 6-3 就是把品牌名称放在包装视觉设计里的第一位；图 6-4 则是把产品名称放在包装视觉设计里的第一位。无论谁是第一位，产品名称和品牌名称都是包装视觉设计里的重要内容。

图　6-3

单凭品牌名称，人们难以感知产品的属性，那么它就需要通过产品名称做进一步说明。图 6-3 所示为著名品牌维他奶，它是 1940 年由罗桂祥博士研制，通过豆奶这种廉价而蛋白质丰富的饮品替代价格较为昂贵的牛奶。由于地缘关系，珠江三角洲很多地区都熟知这一品牌，知道它是豆奶饮料，但是对于没接触过此产品的人而言，从维他奶的品牌名称只能猜测它是具有营养价值的牛奶制品。而豆奶与牛奶从外观上难以区分，所以无论产品的辅助图形如何生动形象，都不能说明其真实属性，为了解决这一问题，只能在它的包装正面附注上——原味豆奶、黑豆奶、钙优豆奶、香草味豆奶饮料、巧克力味豆奶饮料等产品名称。

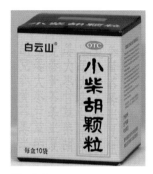

图　6-4

品牌名称犹如人的名字一样重要，好的品牌名称会让人更容易记忆，更容易感知品牌的属性和内涵；反之，则是难以记忆，印象模糊，难以在人群中相互传递，从而影响产品的销售。

什么样的品牌名称才是好的？

以下是大家熟悉的品牌名称：科龙、格兰仕、格力、飞利浦、美的、九阳、老板、方太、苹果、三星、小米、华硕、联想、华为、惠普、可口可乐、百事可乐、七喜、雪碧、美年达、芬达、加多宝、荣华、王老吉、新奇士、红牛、宝矿力、佳得乐、德芙、金沙、健达、士力架、富士、柯达、耐克、特步、李宁、七匹狼、奥利奥、嘉顿、海天、味极鲜、康师傅、合味道、出前一丁、六福、周生生、周大福、谢瑞麟、金至尊等。

请在上面的品牌名称中挑选 5 个认为最容易记忆的名称，并对它们进行排序。

其实这是一个开放式的问题，并没有标准答案，但可以根据自己所选的 5 个品牌名称反问自己，并分析理由，这样可以帮我们站在消费者的角度推敲答案，这是对自己熟知的品牌名称的自我剖析和总结的一个过程。

根据上面所列举的众多品牌名称，可以总结出品牌命名具有以下一些特征。

（1）表现出一种理性、力量、安全、稳定、精密、快速、先进追求的电器产品，如科龙、格兰仕、格力、吉利、飞利浦、惠普、华硕。

（2）透露中国文化的气息，利用中国独有的文字语言，如同仁堂、王老吉、荣华、狗不理、民信、陶陶居等中国传统品牌。

（3）以人物名称命名品牌，如方太、老板、康师傅、李宁、谢瑞麟、迪士尼、肯德基等。

（4）表达出产品的功能特征，如红牛、宝矿力、健达、士力架、味极鲜、合味道等。

（5）表达产品的属性，如可口可乐、百事可乐、金至尊、德芙、金沙、特步等。

对品牌名称的研究分析可以帮助学生设定更好的品牌名称。在为品牌命名时，可以根据项目调研的定位去思考品牌的最佳名称。根据以往的经验，在设定品牌名称时，很多人会询问能不能使用英文名称。学生热衷英文的原因是他们认为英文字体设计比中文字体设计更加简单。这是一种错误和危险的想法，撇开作业需要，仅作为一名中国设计师，无论现在还是将来，都要面对中文的字体设计，生活在中国，为中国人服务，中文才是应用最广泛的文字。即使国外的品牌进入中国，也要经过国内文化的本土化设计才能在市场上流通，所以，中文字体设计是包装设计课程内容里重要的组成部分。另外，在做项目调研和设计定位时，应该可以确定产品销售的对象和区域，如果是国际产品，包装上出现的文字应该使用英文；如果是国内产品，包装上出现的文字就应该以使用中文为主、英文为辅。

下面列举部分学生所选择的产品和对应的品牌名称：灯泡产品——夕点；干花艺术产品——花未眠；香薰蜡烛产品——萤之森、火虫；女性护理产品——弗洛拉；纸巾产品——O!NO；水果茶产品——茶醒；鱿鱼干产品——鱿A鱿；咖啡豆产品——豆叔；红糖产品——蔗农；女性护理产品——花烙；彩铅产品——留忆、天乐；女性护垫产品——轻点；五金产品——耐尔；水果种子产品——梦想庄园；女性内裤产品——全一；毛巾产品——舒美客；餐垫产品——雅奢餐垫；男装运动袜产品——索可；有机纸巾产品——尤美；白蜡烛产品——烛坊；纸手帕产品——初夏；透明玻璃水杯产品——左冰；杯子蛋糕产品——麦甜；牛轧糖产品——懂你；紫砂茶具产品——上古；袜子产品——织悦。

6.3　品牌标志设计

品牌标志是一个品牌的核心视觉形象，它会出现在所有产品包装上，方便消费者认知。

品牌标志设计有3种表现形式，即图形、文字、图形与文字的结合。

众所周知，如果选择图形作为品牌标志的表现形式，能在人们的脑海里留下深刻印象，但并不方便人与人之间传递正确的品牌信息，所以除了标志以外，还要加入标准字体与之相组合。所谓的标准字体，就是品牌名称，以中文为主、英文为辅，需要经过特别的字体设计，不能使用现成的字体，以提高品牌的辨识度。为应对不同的排版需要，标志与标准字体可以有多种方式组合。标志与标准字体可以组合，也可以分开单独使用，无论是组合还是分开，都要考虑设计的统一性。图6-5是名为"海记"的海鲜品牌，它就是以鱼的图形作为标志，该标志可以单独使用，也可以与中英文"海记"标准字体组合使用。

如果选择文字或者图形与文字相结合作为标志的表现形式，要看文字的内容是否直接选择品牌名称。如果是，就不需要另外设计标准字体了。很多学生会借鉴国外的英文标志，以英文名称的首字母作为标志，设计的方向并没有问题，常见的问题是遇到两个以上的英文单词，他们可能直接选择第二个或者第三个英文单词的首字母作为标志，甚至为了躲避设计上的难题，直接把第二个单词的首字母放前面，第一个单词的首字母放后面，这样颠倒字母顺序都是错误的。利用首字母作为标志设计是极为常见的，其目的是利用英文名称首字母帮助人们记住它的全称，所以当选择英文首字母作为标志时，必须要注意字母的顺序。利用首字母作为标志设计的，还需另外设计品牌的名称（中文为主、英文为辅），作为标准字体设计，补充说明其品牌信息。

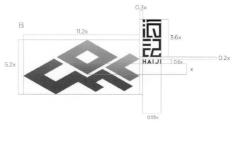

图　6-5

6.3.1　图形的标志设计

同一题材，图形的表现形式可以千变万化，图形的标志设计似乎难以下手，其实是没有掌握设计的方法。品牌的标志设计应该是品牌理念和行为的最高视觉代表，所以标志设计本身不是就图形而言的图形，而是将一定的品牌精神内涵转换成为图形。

由于之前学生们已经围绕产品做了详细的项目调研，对品牌的内容已经有了一定的理解，在课堂上，限定时间，教师要求学生们快速地做一次头脑风暴，在白纸中心写出品牌名称，分别向品牌的理念和行为两个方向层层推演，利用简单的词语（注意是词语，不是句子）列出该品牌的特征（图 6-6），然后在众多的词语中选出 2~3 个最重要的特征词语，列出文字公式，如图 6-7 所示。根据文字公式，选择适当的图形去对应文字公式里的词语，一个图形对应一个词语，从而列出新的图形公式，通过图形与图形的创新组合，设计出品牌标志，图 6-6 至图 6-9 是一家建筑公司标志设计的过程。

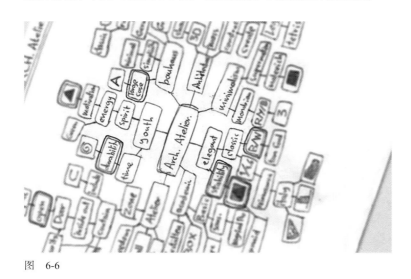

图　6-6

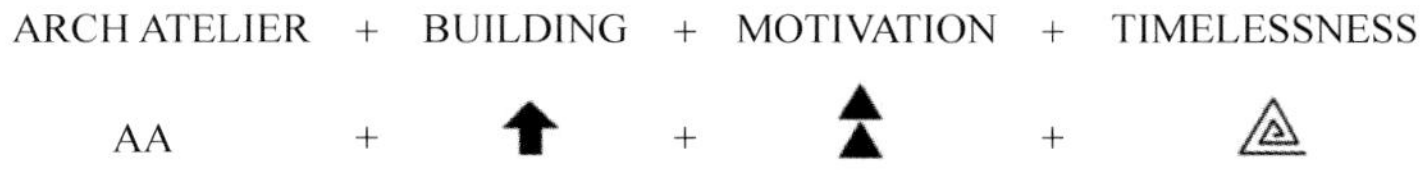

ARCH ATELIER　＋　BUILDING　＋　MOTIVATION　＋　TIMELESSNESS

　　　　AA　　　＋　　↑　　＋　　▲　　＋　　△

图　6-7

图　6-8

图　6-9

　　在这里需要着重说明两点：一是选择怎样的图形列出公式；二是图形与图形的创新组合，是整个标志设计中最难的部分。

　　针对同一词语，图形的表达形式是多种多样的，如图 6-10 所示，这是一个可以送货上门的水果品牌，名叫"新生鲜"。学生得出的公式是橙子＋竹蜻蜓，分别代表水果和快速送货上门的服务，图形与图形结合的基本原则是两者既能完整结合，又能看到彼此，所以水果和竹蜻蜓两个图形的结合成为直升飞机的图案，其寓意是服务非常迅速，且能保持水果的新鲜。橙子与竹蜻蜓虽然组合成为新的形象，但从中还是能快速地解读出其中组成部分的含义。

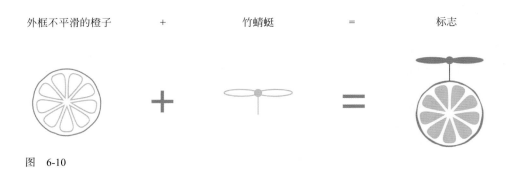

图　6-10

　　图 6-11 是一家小区旁的有机食品超市，以"绿色健康和环境保护"为宗旨，主要销售使用绿色标识的无污染、安全、优质营养类食品。该学生以购物车和胡萝卜作为标志公式，购物车代表超市的属性，以可爱的胡萝卜作为有机食品的代表，两者进行有机结合，使整个标志富有设计感，造型和色彩使用得当，也与该品牌的经营理念相吻合，可爱的视觉形象让人印象深刻。

图　6-11

　　在这个部分中，学生遇到最常见的问题是图形与图形之间没有真正结合，只是用各种不同的排版形式将图形"放"在一起，这样的组合显得极其简单和呆板。图形标志之所以吸引人，很大一部分原因是设计师展示出来的设计智慧——能够巧妙地根据两个不同的图形找到共性，创造出新的图形，从中又能看出彼此。另外需要注意的是，列举文字公式时，最好不要多于 3 个词汇，这不是硬性要求，在市场上也有设计师列出五六个词汇的公式，也能设计出优秀的标志，但是对于初学者来说，一个标志表达的内容太多，把握的难度就会加大，最终导致什么都表达不出来，成为"四不像"。图 6-12 和图 6-13 是学生的面包品牌的标志设计，通过公式由"面包""微笑""手工" 3 个词语公式转换成图形公式，再进行 3 个代表图形间的创意设计组合，标志设计简练、自然合理，让人非常容易记住这个有亲和力及味道俱佳的标志。

　　也许有人会问，如果列出的公式并没有实物的词汇，都是一些抽象的词语，如循环、稳定、安全、向上、发展、交流、创新等，应该怎么找到图形之间的共性，结合以后又怎么能看到彼此呢？其实图形标志的

面包　　　　微笑　　　　手工

图　6-12

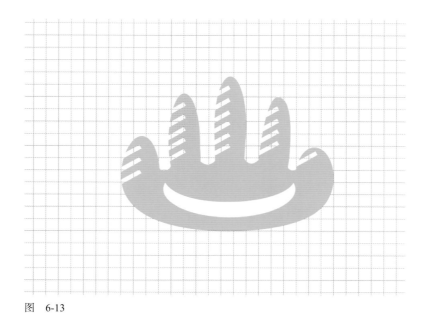

图　6-13

表现形式有两种，即具象的和抽象的。这里所谓的具象，不是指写实的图像，而是该图形能直观地让人感知它是什么；而抽象的，是指能够通过图形线条的粗细、色彩、造型等间接地感知其想要表达什么。前面介绍的是具象图形标志的设计方法，下面介绍抽象图形标志设计的方法。

　　抽象图形标志设计其实与具象图形标志设计步骤基本一致，都是头脑风暴、文字公式、图形公式，它们最大的区别就是图形的选择，如果词语的公式包含如循环、稳定、安全、向上等抽象词语时，可以利用几何图形去表达，如可用圆形表达循环，用三角形表达稳定、安全、向上等，这里只需要用圆形和三角形组合成新的标志即可。这种组合的设计原则是美感，在让人获得美感的同时，感知其内涵。如同样圆形和三角形的表达形式有多种，如果品牌是与重工业有关，可以选择较粗的线条或者较大的色块去表达；如果品牌是较精选和精密的产业，可以用较细的线条和镂空的图形去表达。在图形与图形组合时，抽象的图形标志显得更加自由，因为它没有受到公式里的真实图像的束缚，除了图形的组合让人产生视觉上的愉悦感外，还要通过点、线、面的大小、粗细、组合、排列的变化，感性地认知该品牌的属性和内涵。一般在设计过程中，如果学生在具象图形的标志方向遇到困难且难以解决，则教师可以适当地引导他们在公式里加入精神理念的词语，结合抽象的图形加以表达，甚至完全使用抽象的图形公式进行设计。

6.3.2　图形与文字组合的标志设计

　　图形与文字组合的标志里面所出现的文字一般是品牌的中文或者英文名，或者中英文组合在一起，由于中文和英文是两种不同的字体，所以在设计时也是有所不同的。

1. 图形与中文字体的组合标志设计

中文字体是中华文明的重要载体，使当代人可以站在前人的肩膀上高瞻远瞩。在现代中小学语文课本里，学生们依然可以朗诵几千年前的经典；考古挖掘的古墓，可以通过墓志铭等文字知道其主人；中文专业的学生可以直接阅读经典原著。我们庆幸中国的文字不像日本、韩国那样，发生了翻天覆地的改变，虽然中文在20世纪50年代以后被简化并在中国大陆地区推行，但是中国香港地区和台湾地区依然使用繁体中文字，简体与繁体在中国并存，对于学习简体中文字的大陆人来说阅读繁体中文字是没有障碍的。

众所周知，最早的汉字是象形文字，也是图画文字，后来被造出来的字越来越多，简单的象形造字法已经不能满足汉字的需要，汉代学者许慎在《说文解字》中归纳和总结出汉字的6种造字方法，简称六书，包括象形、指事、形声、会意、转注、假借。

（1）象形属于独体造字法。用文字的线条或笔画，把要表达物体的外形特征具体地勾画出来。例如，图6-14中的"弓"字像一把弓的形状，图6-15中的"册"字像摊开的竹简形状。

（2）指事属于独体造字法。与象形的主要区别是，指事字含有绘画中较抽象的东西。例如，"刃"字是在"刀"的锋利处加上一点，以作标示；"上""下"二字则是在主体"一"的上方或下方画上标示符号；"二"则由两横来表示。这些字的勾画都有较抽象的部分。

图 6-14

（3）形声属于合体造字法。形声字由两部分组成，即形旁和声旁。形旁是指示字的意思或类属，声旁则表示字的相同或相近发音。例如，"沧"字，形旁是"氵"，表示它是水，声旁是"仓"，表示它的发音与"仓"字一样；"笆"字形旁是"竹"，表示它是竹子类，声旁是"巴"，表示它的发音与"巴"字一样；"何"字的左边是形旁，画出了人的形状，右边的"可"是声旁，表示两字韵母相同。

图 6-15

（4）会意属于合体造字法。会意字由两个或多个独体字组成，所以组成的字形或字义合并起来表达此字的意思。例如，"酒"字，以酿酒的瓦瓶"酉"和液体"水"合起来，表达字义；"解"字的剖拆字义，是以用"刀"把"牛"和"角"分开来表达字义；"鸣"指鸟的叫声，于是用"口"和"鸟"组合而成。有部分汉字会同时兼有会意和形声的特点。例如，"功"字，既可视为以"力"和"工"会意，而"工"也有声旁的特点；"返"字，既可视为以"反"和"辵"（解作行走，变形作"辶"）会意，而"反"也有声旁的特点。这类字称为会意兼形声字。

（5）转注是古人制造"同义字"的方法，换言之，转注就是用同义字辗转相注的方法造字。"同意相受"是统一字首的具体方法，即授予一个同义字，也就是说，用一个同义字相注释，作为它的义符。

转注字的最大特点就是形义密合，视其形即可知其义。而转注字和形声字的"联系"与"区别"：转注字和形声字有同有异。就其结构来说，它们是相同的，都是形与声的组合；就其义符来说，它们是不同的，转注字的义符是同意相受，形和义是密合的，而形声字的义符只是指示字义的类属或关联，形和义不一致。

（6）假借是用已有的同音字来寄托新词的意义。例如，"才"是"草木之初"，假借为人才之才；"钱"是一种田器，假借为货币的钱。

观察许慎所总结的6种造字法，无论哪一种，仿佛都与象形脱不了关系，如果标志的表现形式是选择图形与文字的结合，可以研究文字本身是否有象形部分，再利用图形把它重新展示出来，这是利用文字象形的特点进行标志设计。如图 6-16 所示，学生自创的茶叶品牌名称是"雲茶"，因为茶叶本身是中国传统产品，极具传统文化气息，所以为品牌命名时没有选择简体的"云"字，而选择繁体"雲"字。显然"雲茶"两个字之间，"雲"更符合品牌的内涵，也更加有识别性，所以该标志设计重点应该落在"雲"字。把雲中的云字换成了有中国传统气息云的图形，整体的线条较细，显得精致、有内涵，选择的绿色符合茶叶产品的属性，比较时尚高档，"云"图形线条的粗细与剩余部分的笔画粗细相统一。

　　图 6-17 是学生为一名叫百有的百货公司所设计的标志，利用其名称首字"百"与购物车相结合，两者之间巧妙地寻求了共同点，结合在一起，这是典型的利用汉字象形特点来进行标志设计，需要注意的是，这种方法比较适合用在文字字数是 1~2 个字的品牌名称，因为标志的设计要求就是为了方便人们记忆，如果品牌名字字数有三四个字，在里面再加入明显的象形图形，就会使整个标志显得更加复杂，甚至难以读懂。遇到字数较多的品牌标志，较统一的笔画会更快速地传达信息。

图　6-16　　　　　　　　　　　　　　　　　　图　6-17

2. 图形与英文字体结合的标志设计

　　字母来源于拉丁字母，如同汉字起源于象形，拉丁字母表中的每个字母一开始都是描摹某种动物或物体形状的图画，而这些图画最后演变为符号。这些符号和原先被描摹的实物其形状几无相似之处，谁也不能肯定这些象形字母最初究竟代表什么，这是英文字母与中文文字最大的区别。英文只是符号，不具有任何象形意义，而且笔画比中文要少很多，设计英文字体相对于中文应该简单得多。

　　图形与英文结合，品牌英文名称作为标志的一部分，字母的选择显得更加灵活，它可以是第一个英文单词首字母单字，也可以是全部英文单词首字母的组合，还可以是英文全称。在选择字母作为标志设计时，一定要注意选择的顺序，不能颠倒英文首字母的顺序。例如，有学生设计的品牌名称是 3 个英文单词，抽取第二个英文单词的首字母作为标志里的唯一文字，这显然是错误的。选择英文首字母作为标志的设计内容，是期望通过首字母让人们容易记忆品牌的名称，如果随意抽取字母，就没有任何的作用与意义了。

　　虽然英文字母已经没有任何象形意义，但是可以通过设计赋予它象形的意义，图 6-18 是运动品牌 Run 的视觉形象设计，其标志就是以品牌名称 Run 的首字母 R 作为标志，虽然 R 的形象与运动并无任何关系，但是设计师利用拟人的设计手法设计出 R 生动的跑步形象，与品牌名称 Run 的含义相吻合。这个案例说明，即使英文字母本身没有任何象形意义，但是可以把它当作图像来对待，在设计单独的英文首字母时，找到品牌关联，赋予它象形的意义。

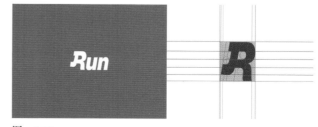

图　6-18

图 6-19 是学生所设计的婴儿品牌标志，英文名称为 Baby World，该学生的标志公式为品牌名称＋婴儿＋安全，它利用英文的首字母 B 代表品牌名称，利用奶瓶代表婴儿，利用洁净的蓝色代表安全，列出了图形与文字结合的公式。该学生把 B 看作图像对待，寻找 B 与奶瓶的共性，字母 B 中有两个镂空的部分，奶瓶也有奶嘴和瓶身两个部分，可以很好地结合在一起，将它们结合以后既能看到 B，也能看到奶瓶（图 6-20）。由于是婴儿品牌，所以整个标志的线条比较圆润、可爱，蓝色表达出安全、健康的信息。将这个案例与 Run 案例相比较，Run 的设计是通过 R 字母与跑步形象的结合，而 Baby 的设计主要是 B 与奶瓶的结合，两者的设计方法几乎一致。

图　6-19

图形与文字组合的标志除了利用中文汉字本身的象形特征和英文首字母与图形的结合外，还有其他比较常见的，便是图形与品牌全称的组合，品牌的全称可以是中文，也可以是英文，还可以是中英文。图 6-21 这种标志设计表达的内容较多，基本是用不上前面介绍的寻找图形与文字的共性进行结合，标志的组合形式更像是一种"排版"，就是图形与文字本身没有真正的结合，而是通过造型、色彩、排版等设计一起，形成整体感的标志。这种标志的组合，图形与品牌名称是不能拆分的，是一个完整的标志整体。

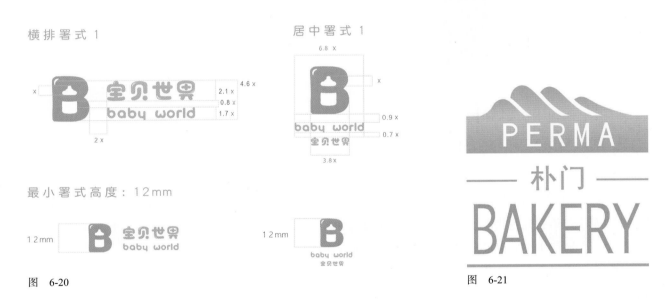

图　6-20　　　　　　　　　　　　　　　　　　　　　　　　　　　　　　图　6-21

6.3.3　文字的标志设计

前面已经介绍了中文象形文字作为标志的设计方法，了解了利用中文汉字象形特征进行图形与文字的结合比较适合标志的文字字数较少的情况，如果遇到标志的中文字没有象形的特征或者文字字数较多，达 3～4 个字时，应该怎么设计呢？

标志设计的最终目标是为了让消费者记住这个标志，并且能通过这个标志感知这个品牌的属性，当标志的中文字体没有象形特征或者字数较多、笔画较复杂时，统一字体笔画和统一设计风格更为合适。这里同样可以使用头脑风暴法，然后使用列公式的方法。

如图 6-22 所示，学生设计的毛巾品牌中文名称舒美客，文字的笔画较多，其标志文字公式是舒美客＋健康＋天然，其标志设计需要通过"舒美客"3 个字的文字设计表达出"健康"和"天然"。将"舒美客"

里面的"舒"和"客"中的两个"口"字利用叶子的轮廓去替换，然后再对整个标志使用绿色，这都代表了"健康"和"天然"。这是一种典型的案例，标志似乎使用了图形与文字的结合，但它与前面介绍的图形文字结合案例截然不同，它更像是纯粹的文字设计，更注重文字笔画的整体感和统一感，利用"叶子"替换了"口"，图形的出现没有脱离原有字体的造型结构，叶子起到画龙点睛的作用。

另一种常见的中文字体标志设计是在中文里面找不到任何图形的影子，通过字体笔画的重新设计，着重展现出字体设计本身的美感，表达出的含义更加抽象，对该品牌的理解更多的是依赖于文字的解读。

如图 6-23 所示，归原食器是一和风木制食器的传统品牌，其字体设计手法略为大胆，使用了删减和连笔，把字体中一些多余的笔画去掉，笔画的造型、粗细、旋转角度、色彩统一（图 6-24）。虽然是现代的字体设计，但是也透露出古朴的感觉，与其品牌内涵相结合。

还有一种文字标志设计是使用连体表现形式，这种方式非常常见。如图 6-25 和图 6-26 所示，这是由中国香港著名设计师陈幼坚设计的"维他奶"中文标志设计，除了字体的笔画统一外，字与字之间使用了连笔，笔画的连接等于分离的两个字体化作整体，也让"二"化作"一"，使维他奶 3 个字看起来更加整体和清晰。

虽然包装设计的作业要求是以中文为主、英文为辅，但是实际上还是要根据市场的需求来决定，如果产品的销售区域是中国，短期内也没有成为国际品牌的目标，那么其标志设计可以是以中文为主、英文为辅，英文只是起到一种补充、衬托的作用。如果品牌定位为国际品牌，那么中英文的标志设计都同等重要，而且中英文字体的设计风格要统一。国际品牌进入他国落地生根，都要经过他国的文化洗礼，是品牌本土化的过程，如可口可乐原有的英文标志（图 6-27）进入中国以后，为了满足中国消费市场的需求，有了新的中文标志，中文与英文除了读音相似外，字体是两款完全不同的文字，但是中文的标志设计风格完全参考于英文，同样是由笔画延伸出来的飘带，两款不相干的字体做到设计风格的完全一致，其中文与英文在包装上的展示一样重要，没有任何主次之分。图 6-28 和图 6-29 是卡夫旗下品牌奥利奥，其英文名 Oreo，于 1912 年诞生于美国，现今已是

图　6-22

图　6-23

图　6-24

图　6-25

图　6-26

图　6-27　　　　　　　　　　　　　　图　6-28　　　　　　　　　　　　　图　6-29

国际著名的饼干品牌，其英文标志设计犹如夹心饼一样由三层组成，由天蓝到深蓝再到白色层层递进，由于英文字的笔画比较简单，整个英文标志的视觉传达非常清晰，然而对比中文的奥利奥，其笔画烦琐，设计难度也相对较大，但是其设计风格是完全与英文统一的。

6.4　包装辅助图形设计

　　包装上出现的图形主要是为了向消费者传递产品的信息，吸引消费者购买，我们把它称为包装的辅助图形。并不是所有包装上都会使用辅助图形，这要看产品的定位与需求，有些高端的产品包装就常常喜欢使用极简的设计风格，包装的正面除了品牌标志外，没有任何内容，简洁无比，衬托出产品的气质。作为课程作业，包装辅助图形的设计是必要内容，其表现形式多种多样，如何开展设计呢？要看在之前做的项目调研和设计定位里产品的属性特征是什么？销售对象是哪一类人群？是传统的品牌还是现代的品牌？等等。大家知道无论设计什么样的辅助图形，都是从画草图开始的，绘制草图能够激发创意，完成后的原稿都是要输入计算机再进行加工的，加工以后就成为真正的设计稿，有时从设计稿已经看不出任何原来的草图痕迹，但是有时设计稿与原稿差不多，只是稍作修饰。下面介绍几种包装辅助图形经典表现形式。

6.4.1　以写实绘画表达形式作为包装的辅助图形

　　与计算机软件生产的矢量图和真实的产品摄影图相比，温情的写实绘画表现形式作为包装辅助图形的表现形式是较为常见的，一般针对有传统内涵的品牌，写实的传统绘画给人以人工、质朴、历史沉淀的感觉。如图 6-30 至图 6-34 所示的是学生自创的檀香品牌香里弄，所设计的檀香产品包装的辅助图形，其灵感来源是民国时期旧上海的绘画风格，这种怀旧的风格传达出浓浓的时代感，与该檀香品牌的传统、怀旧、质朴的内涵相符合。分别以"美人""老人""小孩""上班族"搭配对应的产品广告语进行设计，传达的信息到位。

　　图 6-35 和图 6-36 是来自美国的植物保健品牌 Eastern Botanicals 的产品辅助图形和包装，由于该产品成本包含各种天然植物，所以其辅助图形是利用这些植物作为创作素材进行创作的。创作的顺序首先是绘制图案，然后把绘制好的图案剪切出来，重新拼贴，等拼图完成以后，最后输入计算机进行调整，得到图 6-35 所示的效果。虽然在创作过程中加入了拼贴的表现手法，但其最终的展示效果却如写实的绘画一般。以写实绘画的表现形式作为包装辅助图形，对草稿的完成度要求比较高，甚至可以当作美术作品那样去完成。计算机主要起辅助、修饰的作用，所以创作这类辅助图形，需要设计师有一定的美术功底，在展开设计之前，对

图　6-35

图　6-36

图　6-37

自身绘画水平要有客观的认知。利用写实的绘画作为辅助图形表现产品的天然属性是包装设计辅助图形的常用的手法。

图 6-37 至图 6-39 是美可特公司为茶籽堂品牌设计的作品，作品名称为"油、发、身、家"。创意设计说明："追求天然与人文的和谐，来自台湾当地'茶籽堂'，让大自然与生活交融调和，冀望茶籽的馥郁芬芳能缓解日常的紧凑步伐……包装概念以年轻版画艺术家徐睿志的笔触，描绘出当地朴质的图形张力，枝叶扶疏，点缀着一颗颗醇润茶籽与神兽的生动参与，象征大自然的生生不息，传统

图　6-38

图　6-39

单色版画形式与复合媒体的运用，体现产品手作温度感，新旧思维糅合碰撞'由内而外，以最自然的方式生活'。"以版画作为包装的辅助图形，版画与绘画表达的情感极为相像，都透露出人文、怀旧、天然等气息，为某些传统或者天然的产品代言，但是版画与绘画所展示出来的效果截然不同，版画用在包装上依然保留了其原始特征，白底衬托的黑色，质朴刀刻的痕迹，简练概括的线条，故事情节的表达，这些甚至比绘画更有"人工味"，黑白的视觉冲击力也比彩色的更强。

6.4.2　以平面插画为表现形式的包装辅助图形

这是由美可特公司为吾谷茶粮品牌所设计的四季礼盒包装（图 6-40 至图 6-46），其设计创意说明如下。

"擂茶为客家人特有的饮食文化。'一日三碗擂茶，可保终日不疲劳，每日三碗擂茶，保您活到九十八'，客家人深信擂茶是他们健康长寿的原因。该包装以客家擂茶文化为底，将食茶与大自然土地融合，画面上呈现四季特有的景象。因茶叶产地变化，注入崭新元素，创造多样化口味：春荞，春日唤呼初醒的味蕾，因循碧螺荞麦而探索甘醇；夏果，凉爽静谧之夏，跌醉于果香和蜜香的美人茶中；秋玫，山芒摇曳翩翩，红玉与玫瑰仰卧于浪漫香甜之秋；冬可，乌龙加入可可的陪伴，如同温于手中的冬日暖阳，那么饱满而厚实。内盒采用灰卡材质搭配木制外盒，一面散溢朴质沉稳的内敛性格，另一面透过色彩堆叠出品牌别致精细的优雅风格。纯朴的客家文化对于谷物有着浓厚情感，饮啜一口，慢拾生活，跟着时季食茶而后感受大自然谷物的纯净滋味与自然变化。"

图　6-40

图　6-41

图　6-42

图　6-43

图　6-44

图　6-45

图　6-46

　　"吾谷茶粮"这个设计案例便是利用平面插画的表现手法，根据其设计文案绘制插画，其表现形式都是平面二维的，对比于写实的绘画表现形式，它显得更加简练、大胆、抽象，不太"真实"。

　　平面插画作为包装的辅助图形，它能表达的题材更加多样，可以是传统温情脉脉的人情味、冲动大胆的少年味、春心萌动的少女味、充满想象力的卡通味等，可以应用到不同属性的产品包装设计中。设计这类平面插画，一般是先手工绘制草图，再输入计算机，利用 Illustrator 或者 CorelDRAW 等设计软件进行绘制。矢量图完全符合平面插图的需要，它根据几何特性来绘制图形，矢量可以是一个点或一条线，矢量图只能靠软件生成，文件占用内存空间较小，这种类型的图像文件包含独立的分离图像，可以自由无限制地重新组合，特点是放大后图像不会失真，所以这两个软件在绘制平面插画时更加方便和直观，而且计算机运算速度也比较快。另外，需要补充的是，Photoshop 软件主要针对的是点阵图（像素图）的后期处理，一般在学校里，Photoshop 与摄影课是对应课程，是同步进行的，在摄影棚拍摄的照片需要利用 Photoshop 进行后期处理，而前面提到的绘画表现形式，后期就需要将文件输入计算机，利用 Photoshop 进行修饰。平面插画展示出来的视觉特点是平面的、不真实的、多变的，一般比较年轻的消费人群会喜欢。

6.4.3　以现代几何图形作为包装辅助图形

　　以现代几何图形作为包装的辅助图形是很常见的一种表现形式，一般以产品的重要特性作为创作依据，然后把它转换为几何图形，首先设计单一元素，再把单一元素发展成多元素的组合，这种辅助图形的表现形式显得非常现代和时尚。

　　如图 6-47 至图 6-50 所示的是学生自创的意粉品牌三河，根据不同意粉产品的真实造型，通过设计把它转变成系列的几何辅助图形，每个辅助图形都是由单独元素经过不断重复和排列设计而成的，展示出简约时

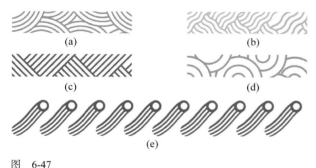

图　6-47

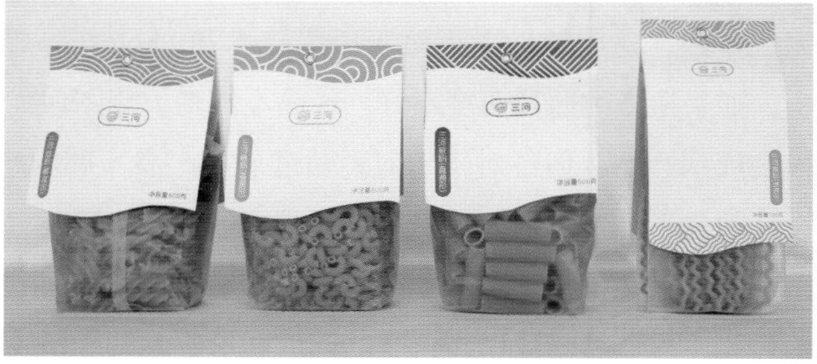

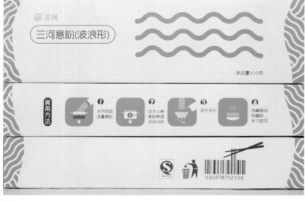

图　6-49

图　6-48

图　6-50

图 6-51

尚的气息，同时也起着传递产品信息的重要作用。由于有些品牌，如耐克、阿迪达斯，产品数量和种类繁多，很难为所有的鞋子、服饰的包装都设计独立的辅助图形，所以一般都会使用品牌的标志，通过延展设计出统一的包装辅助图形。有同样情况的还有水果品牌店，图 6-51 至图 6-53 是学生自创品牌新生鲜的标志及其包装辅助图形设计，其辅助图形的设计就是标志辅助图形的延展，整个包装的视觉风格统一，让人印象深刻。

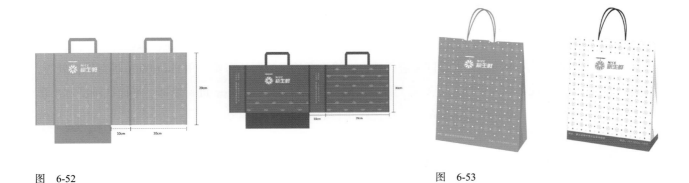

图 6-52   图 6-53

6.4.4 以产品图像作为包装辅助图形

以产品的摄影图像作为包装的辅助图形，能够满足消费者直观感知产品的需要。首先需要在专业的摄影棚里完成产品的摄影，然后使用 Photoshop 软件进行图像处理，最后通过排版软件 Illustrator 或 CorelDRAW 完成排版。这类辅助图形对于摄影技术和 Photoshop 软件修图技术要求较高，修图是建立在摄影的基础之上，如果摄影的照片角度不好，产品不清晰，修图就无从谈起了。另外，值得注意的是，虽然利用了摄影手段去展示产品，但是对于用何种角度展示产品、展示产品的哪一面都是视觉传达艺术设计专业的研究范围，设计师并不是单纯地为了展示产品而展示产品，还要考虑整个包装每个面的排版需要、信息传达需要、审美需要，所以在拍摄产品之前，应该有包装视觉部分的设计草稿才能开始拍摄。图 6-54 至图 6-56 是一款鱼类的包装，以产品图像作为包装的辅助图形，顾客能清晰、直观地选择他们需要的商品。由产品图像作为包装

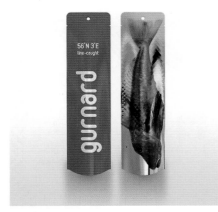

图 6-54   图 6-55   图 6-56

的辅助图形，容易给人一种真实、理性、客观的感觉，所以比较适合表达一些高科技、高品质的产品，如电器、数码产品、厨具、餐具、茶具、食品等。虽然真实的产品往往与包装上的辅助图形展示有出入，但不可否认，经过修饰和设计的产品图像能够增加消费者购买该产品的信心，从而刺激消费。

除了使用产品的摄影图像外，还有利用产品的平面剪影作为包装的辅助图形，这种辅助图形常被用在一些比较实惠和实用的产品包装上，因为它通过产品的剪影传递产品信息，图像非常简洁，设计富有现代感，在印刷上，整个包装常常只使用一种颜色，节省油墨，经济实用。

6.4.5　产品摄影图像与图形相结合的包装辅助图形

图 6-57 至图 6-59 是学生自创品牌，名叫归原食器，其设计创意说明："它是一家专卖和风木制食器的品牌，日本木制食器造型精美小巧、含蓄内敛。因为归原食器崇尚自然之美，所以辅助图形中使用了树叶、石头等图形元素，通过抽象简化重新组合。归原食器产品表面纹理细腻，整体小巧轻盈，淡雅的原木色带着亲和之美，经过多重工序制作而成，处处体现着对自然的崇尚和向往，也是对素雅生活的孜孜追求。"

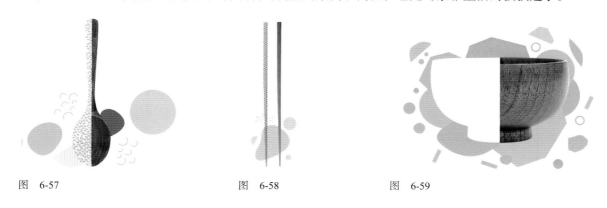

图　6-57　　　　　　　　　　图　6-58　　　　　　　　　　图　6-59

这款餐具包装使用产品摄影图像作为包装的辅助图形，拍摄的产品图像经过后期处理，产品图像清晰，加入了点、线、面的设计元素，使画面不失单调，版面富有设计感，产品内容突出。这种包装的辅助图形一般以产品的真实图像为主、图形为辅，展示效果新颖、丰富。有时也可以根据特定的文案进行设计，与插画相似；有时并无任何故事情节，更多的是为了增添画面的美感。摄影与图形两种不同的表现形式在视觉上有着极大的不同，但经过设计后能和谐地在一起，混合的表达形式是吸引顾客眼球的重要手段。

6.4.6　以纸雕作为包装的辅助图形

图 6-60 至图 6-62 是美可特公司为什俩漉 ROOOROO 品牌设计的包装，其创意设计说明为："奶油酥饼精致小巧，大小刚好方便食用。外酥内软的小酥饼，使用精选面粉、水饴，并以澳洲顶级奶油替代传统酥油制作，甜而不腻的牛奶香馅，入口即化，散发着自然的清香。此系列灵感来源于鹿港古城建筑窗花元素，融入什俩漉的意向，象征传承与创新。以细腻的雷雕风格艺术淬炼台湾饼艺细致内敛的精神，为伴手礼增加纪念性。"

利用激光雕刻技术可以在纸上雕出任何图形。雕刻后的纸呈镂空状，为了反衬出镂空的图形，里面需要有一层不同颜色的纸。图形一般分为正形和负形，正形是通过观察被雕刻的那张纸剩余部分能看出的图形，

图   6-60   图   6-61   图   6-62

而负形是通过镂空部分看出的图形。有时为了使包装看起来更加整体，在包装正面的所有文字与图形都使用激光雕刻，把打印的文字信息放到背后。激光雕刻技术对比传统的绘画、摄影、矢量图等表现形式更加新颖，与中国传统的剪纸相似，但表达题材更广泛。

6.5 包装的字体设计

包装上的字体设计除了前面介绍过的标志设计外，还有产品名称、产品广告语、产品生产信息、产品使用说明信息、产品注意事项等内容的字体设计，当然不是所有包装都包含以上内容，如有些包装就没有产品广告语和注意事项等信息，关于这些包装上文字信息的确定，学生可以参考市场上的同类产品包装。无论什么内容，当中肯定包含字体设计和排版设计。

由于在中文字体的标志设计部分已经详细介绍了单独的中文字体设计，所以这里就不再赘述，下面主要介绍包装的字体排版设计。

在设计之前，首先要做的是确定包装上所有的文字信息，当我们知道包装上要出现多少文字信息时，才能对信息进行分组和排序，分组主要是确定包装每个面应该出现的信息内容，而排序是为了确定信息在每个面的重要程度，这是非常重要的一步，是展开排版设计的基础和依据。包装各个面的设计是有目的性和功能性的，对信息进行分类排序，就是为了把这些信息通过设计有序地传递给消费者。检验包装是否设计得当，可以关注人们对于接受信息的反馈，判断设计所传达出来的信息是否有效和有序。当消费者在超市的货架上随手拿起一个商品包装，能从其正面迅速获取最重要的产品信息，一般最先看到的是品牌名称或者产品名称（知道产品的属性），然后看到产品的广告语（进一步了解产品特点），最后关注它的产品数量、重量、规格等信息。消费者在第一次接触陌生产品并考虑是否购买之前，一般会进一步查看包装背面或侧面的文字信息。了解其详细的生产商、产品年份、保质期、产品使用说明等，然后才决定是否购买，如图6-63和图6-64所示。

在包装上安排信息时，一定要考虑包装的结构和包装在货架上的摆放方式，因为只有这样才能知道包装的哪一个面是最重要的。最重要的面一般包含品牌标志、品牌名称、产品名称、包装辅助图形、产品广告语、产品数量、产品重量、产品含量、产品规格、产品型号等信息，这不是绝对的标准，前面已经提到有些产品的品牌标志、品牌名称、产品名称可能是重合的，有些包装可以简洁到没有辅助图形、广告语。其他产品信息，如产品成分、产品功能、产品使用说明、母品牌标志、生产商、委托方、服务热线等信息都会放在包装的背面或者侧面。下面介绍字体设计的基本要求。

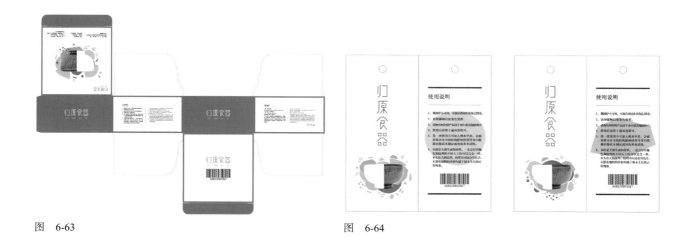

图　6-63

图　6-64

6.5.1　阅读性

　　文字是信息和知识的载体，是人们交流、沟通的主要工具。文字的第一功能是阅读，通过阅读，获取文字代表的意思。通过包装上的字体设计，能够快速地获取产品信息，所以在设计字体时，首先考虑的是文字的阅读性，再创新、再美的字体，如果不能阅读，那便不是好的设计。在实际工作过程中，人们可能会犯一些错误，影响消费者的阅读，最常见的是，很多初级设计师对于字号的实际大小没有概念，到打印包装以后才发觉用的字太大或者太小，对于初学者来说，为了随时加深对实际字体大小的印象，应该打印一张字号与磅数的对照表，贴在经常能够看得到的地方。当遇到部分学生完全没有字体大小概念时，教师会告知最常见到的五号字对应的磅数是 10.5 磅。另外，需要注意的一个问题是字距和行距的区别。正常情况下字距要比行距小，在编排文字时，文字的版式是横版，但是由于字距与行距相差不多，甚至字距比行距还大，所以横版的文字看起来很像竖版，影响阅读。当包装的面积比较大、文字信息量大时，阅读过长的文字容易导致阅读困难和精神疲惫，合理的分栏能够有效地帮助我们更轻松、更快速地阅读。

　　为了更方便消费者阅读，文字的排版应该按照文字内容的分类进行，例如配料的内容比较多，可以单独成为一类，而生产日期、保质期、存储条件等内容相近的可以归为一类，类与类之间的行距应该比自身的行距要大，对文字内容的合理归类能够快速地帮助消费者查阅需要的内容，如图 6-65 至图 6-67 所示。

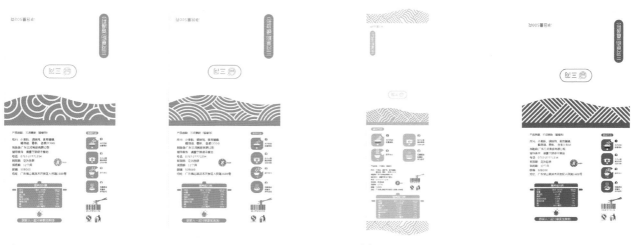

图　6-65

图　6-66

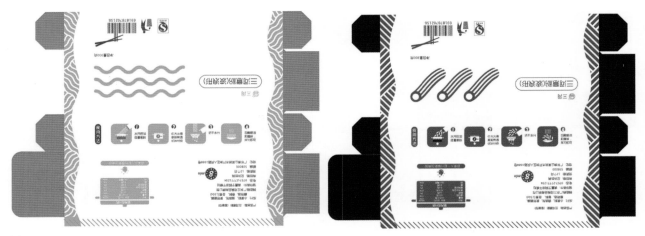

图　6-67

　　包装上除了特定或者比较重要的品牌字体需要经过特别的字体设计外，大部分字体都选择现成的字体。在选择时，尽量不要同时选择两种以上不同风格的字体或者造型花哨的字体，因为这两种选择都会导致版面看起来比较凌乱。无衬线字体是简约的现代字体，当使用字号较小时，仍然能维持清晰的传达，当然这并不是唯一目的，设计师还要考虑产品的文化内涵，如果是传统产品的包装，有衬线的字体更能衬托传统的气息。

6.5.2　顺序性

　　任何信息的获取都可以是有顺序的，前面已经介绍了文字信息的分类和排序。排序以后信息的重要性需要通过设计体现出来，信息的顺序性不是机械和呆板地排序，而是通过对文字的大小、位置、色彩、造型、版式等设计手段展示出来。成功的文字设计既能让消费者有顺序地接收信息，又能感受到由设计所带来的美感和愉悦感。文字信息越重要，使用的字号会越大，位置会越显眼，使用的颜色会越突出；反之，文字信息相对没那么重要的，使用的字号可以更小，但是要以能够正常阅读为前提，文字一般安排在包装的背面或者侧面位置相对不起眼的地方。

6.5.3　独创性

　　为了使设计的包装与其他的包装区分出来，设计时除了考虑同类包装的行业惯性外，在重要的字体设计上还应有独创性的设计。独创性的设计除了增加消费者对于包装的印象之外，也能提高消费者对于产品质量的信心。对于初学者来说，处于学习的阶段常常分不清楚学习和抄袭的界限，直接挪用别人的设计作品或者在原有的设计上做一些调整和修改都是典型的抄袭行为，抄袭行为一旦被揭发，对于设计师来说是致命的打击。学习优秀的设计作品时，应该分析其设计特点，总结自身的体验和感受，经过长期的积累，自身设计能力才能有所提高。

6.6　包装的平面展开图设计

　　包装的平面展开图设计是把包装所有的视觉元素在包装展开图上进行排版设计，它的主要目的是为了后面的包装印刷和成品制作。如果以纸作为包装，那么它的平面展开图设计首先需要使用 Illustrator 或者 CorelDRAW 软件绘制平面展开图，然后在平面展开图的范围内对所有的视觉元素进行排版设计。对于少部分使用其他包装材料的，其产品信息一般通过吊牌、粘贴等形式把印有产品信息的包装纸附于包装结构结合成整体，其包装平面展开图就是对附有产品信息的包装纸进行排版设计（图 6-68 至图 6-75）。包装平面展开图的排版设计除了考虑要实现包装视觉传达功能外，还要考虑后期的印刷和成品制作，有以下几个问题需要注意。

图　6-68

图　6-69

图　6-70

图　6-71

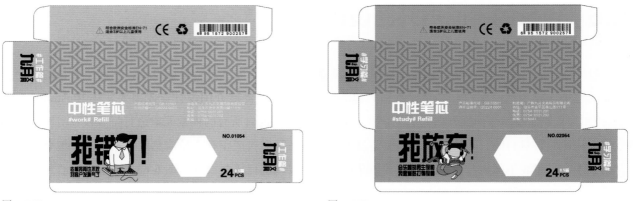

图　6-72　　　　　　　　　　　　　　　　　　　　　图　6-73

订书钉（外盒）：

图　6-74

订书钉（内盒）：

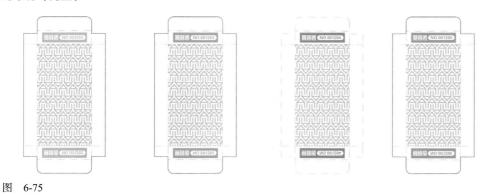

图　6-75

6.6.1　独创性设计

　　包装平面展开图设计主要是解决面与面之间、信息与信息之间的关系问题，前面已经详细地介绍了面与信息的顺序性，这里不再赘述。成功的包装平面展开图设计就是在解决面与面、信息与信息的关系的同时，能够在视觉上有吸引眼球的独创性设计，当学生们觉得在包装的视觉上已经很难有新的独创性设计时，都要提醒自己不要忘了曾经所学的平面构成、色彩构成，所有的设计都是点、线、面和冷暖色彩的融合，把包装上所有视觉元素看作点、线、面和冷暖色彩的构成，这种想法可以让我们变得轻松，回忆曾经学过的一些构成法则并加以利用，才能更加灵活地展开设计。

6.6.2　展开图太大

作为学生的课堂作业，最终的包装是需要通过快印呈现出来，由于包装数量少，快印比印刷会更加方便和省钱，一般快印的纸张尺寸是 A3，当学生的包装平面展开图尺寸超过 A3 大小时，一般会建议学生采用拼版的方法，把排不下的面拆开，移放到新的 A3 版面上，并增加相应的糊口，快印以后就可以通过糊头把面重新与包装粘结起来。

6.6.3　裁切线太明显

批量印刷的包装平面展开图最终需要模切机进行模切，所以在输出前的包装平面展开图上不需要有裁切线、压痕线等结构线出现，而作为学生作业，数码快印以后需要手工对包装平面图进行裁切、压痕，很多学生为了更容易实现这些操作，在设计包装平面展开图时直接留下裁切线和压痕线，包装成型以后，这些线条依然清晰可见。除了不美观以外，这显然不符合包装设计的基本要求。正确的做法是在紧贴着包装每个面转角的外面留下小小的、浅色的圆点，根据两点一线的原理可轻松地找到裁切线和压痕线。

6.7　包装成品展示

包装是立体的设计作品，不易于收藏和携带，没有特定的空间和展台很难向别人展示其设计，所以包装成品完成后，需要通过摄影多角度展示作品，这已成为必不可少的环节。摄影的力量是巨大的，展示效果有时还会超越实物本身，通过摄影的构图、光线、作品摆放、布景以及后期的图像处理能够掩盖包装作品的不足和瑕疵，展示设计作品所有的优点，能提高整个作品的完整度。

初次拍摄包装设计作品时，教师都会鼓励学生，利用专业的摄影棚进行拍摄，摄影棚的拍摄效果是户外拍摄难以比拟的。摄影棚具备专业的摄影器材，学生只需自备数码单反相机便能进行拍摄，而户外拍摄需要考虑到光线和环境变化的影响。

在摄影棚开拍之前，有很多工作需要准备，包装作品的摄影除了展示包装以外，还要展示被包装的产品。为了增加作品的真实效果，产品不出现任何其他品牌的信息，包装镂空的地方务必要看到里面的产品，对包装作品的拍摄不能只是拍个空盒子，包装设计是为产品服务的，检验包装是否合理、恰当的标准之一就是包装是否满足产品的需求，展示产品除了能帮助人们了解包装的设计对象、来源、功能、创意外，还能丰富整个画面。

除了展示包装与产品以外，恰当的场景布置也是提升作品完整度的手段之一。由于拍摄目的是为了清晰地展示包装设计作品，所以场景的布置是为了烘托主体，切不能喧宾夺主，道具的选择都是与产品的属性和设计风格有关的，一般常见的道具有各类衬布、沙子、石子、花瓣、草、木材等。图 6-76 至图 6-79 所示为掌生谷粒品牌的包装设计拍摄图片，图 6-76 和图 6-77 是茶叶包装，图 6-78 和图 6-79 是大米包装，这些设计都传达出其品牌天然、传统的内涵，其拍摄场景布置的木头、小花、茶杯盖子都起到烘托和点缀的作用。其产品的摆放也十分讲究，特别是图 6-77，原本只能够平躺在桌子上的茶包，利用工具在背后支撑，整齐地

图　6-76

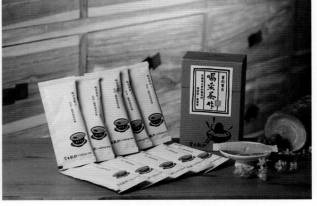

图　6-77

图　6-78

图　6-79

立起来，与平放的茶包形成对应，内外包装互不遮挡，小的放在前，大的放在后面。图 6-78 和图 6-69 两款包装都是微微侧放，拍摄角度比水平线高一点，与人的正常视线十分接近。

　　关于包装与产品的位置摆放，整齐有间隔是基本的原则，对于看似简单的原则，很多人最开始时却找不到方法，作品整齐的摆放应该遵循同结构一起、同系列一起、前低后高的原则，由于作业包含了 3 种不同的包装结构，如果把挑选 3 个不同结构的包装放在一起，它们造型各异，摄影图片就会显得很不整齐。所以，同一结构的包装尽量在设计上是成系列的，这样的包装设计作品摆放在一起时，视觉冲击力更强。对于初学者来说，不规则地摆放产品是有一定难度的，处理不好就容易出现一种混乱的视感。包装设计作品的拍摄应该有单独作品、系列作品、组合作品、全部作品的多种类拍摄，也应该有展示整体和细节的多角度拍摄。另外，包装作品的摄影应该以水平的视觉角度为主、其他多角度为辅。水平的视觉角度符合人的观察习惯，有利于人们客观观察包装作品。但是单一的水平角度不免显得单调，对全部作品的拍摄可以加入倾斜的俯拍，会让作品显得更加生动。根据作品的实际情况，除了可以展示闭合的包装形态以外，还可以展示打开的包装形态，但是要注意包装打开后的形态美感。

　　场景、道具、产品、包装布置完毕后，就要安排灯光。简单的灯光布置需要安排主光和副光，主光是作品的主要光源，属于亮部，而副光则安排在作品的暗部，与主光源相对应，对作品暗部起到补光作用。把灯光的位置安排好以后，就需要安排三脚架的位置，包装作品的拍摄务必使用三脚架，由于产品包装是静态实物，使用三脚架可以更加稳定，更利于后期的调整。对于初学摄影的学生来说，在开始拍摄时，需要利用笔记记录每张照片的产品包装位置、相机三脚架的位置、灯光位置以及所用的光圈和速度。注意，在这个过程中，不需要更换任何产品包装，经过一定数量的拍摄以后，通过计算机查看，选择符合要求的照片，根据该照片所记录的数据，利用这些数据可以完成其他不同组合包装的拍摄，而且可以保证包装的摄影质量和效果的统一。

拍摄图片的质量要求如下。

（1）照片必须是大图。

（2）照片的主体要清晰。

（3）照片的主体要有自然的明暗过渡。

（4）照片展示作品的角度要富有美感。

学生包装展示作品鉴赏如下。

（1）图 6-80 至图 6-90 是学生自创干花品牌，名叫花未眠。学生第一次的拍摄包装及其产品在布景上略显简单，但从其排列、布局、构图、角度方面都看得出学生的用心。在众多水平的拍摄角度中，加入了俯视的角度，让画面更加丰富。同一产品包装的正反面拍摄、正面和底面的拍摄、同一结构的拍摄、全部系列作品的拍摄及细节的拍摄都全面展示了包装设计的细节。白底衬托作品，使干花给人一种清新感。

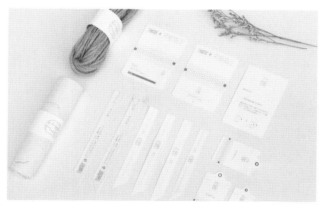

图　6-80

图　6-81

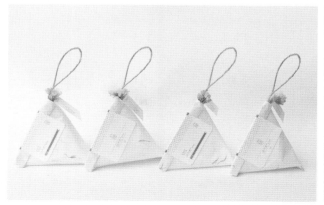

图　6-82

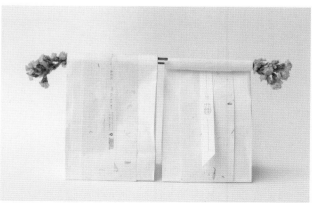

图　6-83

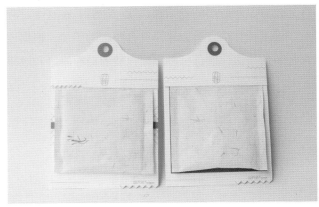

图 6-84

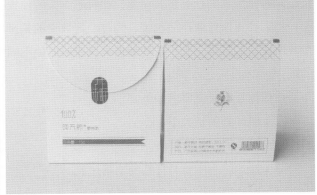

图 6-85

图 6-86

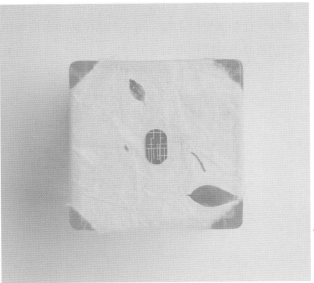

图 6-87

图 6-88

图 6-89

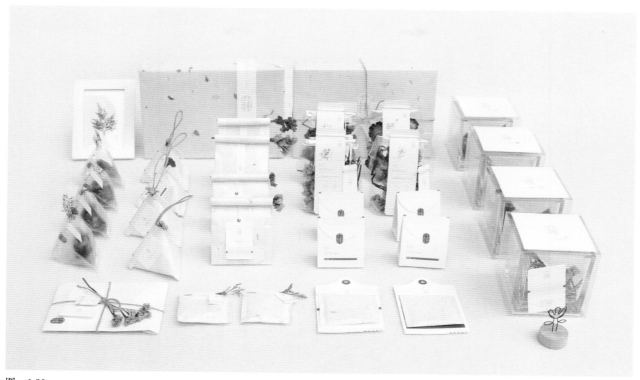

图　6-90

（2）图 6-91 至图 6-111 是学生自创品牌弗洛拉的包装设计作品。这个品牌主要销售洗漱及护肤产品，针对不同的人群，设计体现了低档和中高档之分。低档的包装如图 6-91 至图 6-98 所示，中高档的包装如图 6-99 和图 6-100 所示。针对不同的档次，其设计也有所区分，但并不影响其整体感。在产品包装的展示上，最突出的是图 6-106 至图 6-110，其拍摄展示了该包装环保的特性——产品的说明信息都印在了包装的展开图中，附上产品，从垂直俯拍的角度清晰地展示了包装的巧妙之处，另外，该包装也使用了一纸成型，不需使用任何胶粘结。

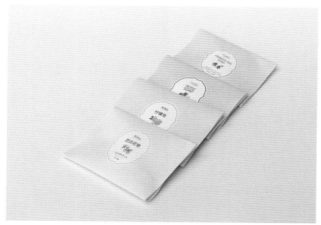

图　6-91

图　6-92

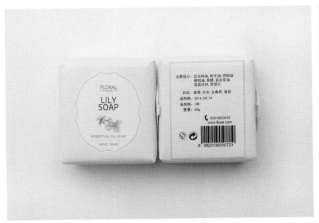

图　6-93

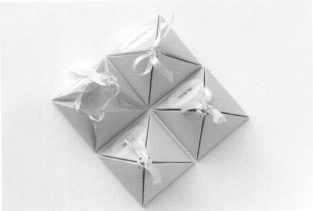

图　6-94

图　6-95

图　6-96

图　6-97

图　6-98

图　6-99

图　6-100

图　6-101

图　6-102

图　6-103

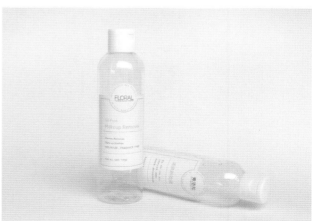

图　6-104

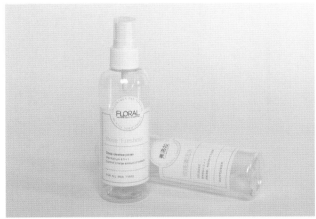

图 6-105

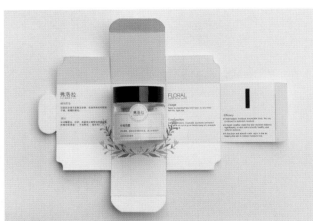

图 6-106

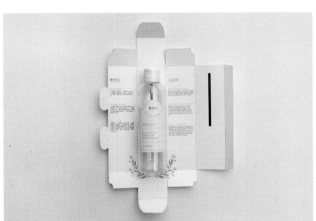

图 6-107

图 6-108

图 6-109

图 6-110

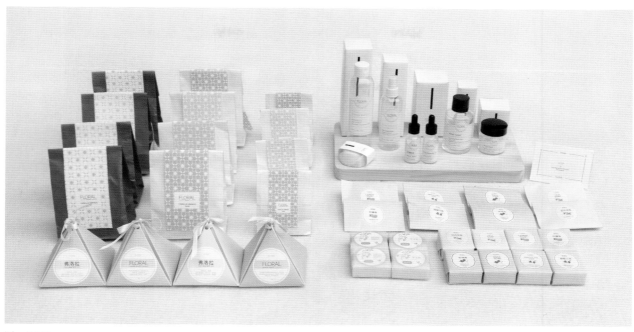

图　6-111

（3）图 6-112 至图 6-118 是学生自创品牌千色彩铅包装设计，白色的背景拍摄白色的包装有一定的难度，但是该学生利用了包装层次分明的亮、灰、暗 3 个面，使其从白背景中凸显出来，如图 6-112 所示。

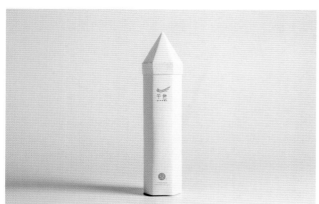

图　6-112

图　6-113

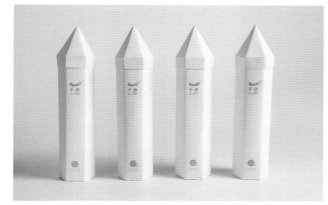

图　6-114

图　6-115

图 6-116

图 6-117

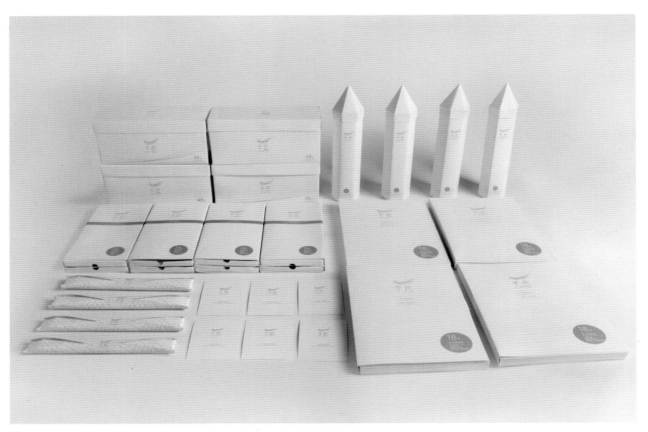

图 6-118

（4）图 6-119 至图 6-126 是学生自创吉他弦品牌——空弦的包装展示。该作品展示的最大特点是，它看起来像是计算机软件设计出来的展示效果，不像真实的摄影图片。这是因为前期的摄影不理想，所以引导学生使用包装的设计稿，参考摄影布局、角度等，重新做出包装立体效果图。由于使用了设计图稿，所以图像展示效果的精度非常高，也十分清晰，另外，由于参考了拍摄的包装摆放、布局，所以展示效果十分逼真。

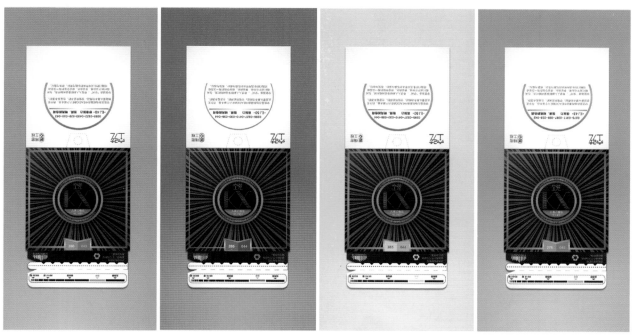

图　6-119

图　6-120

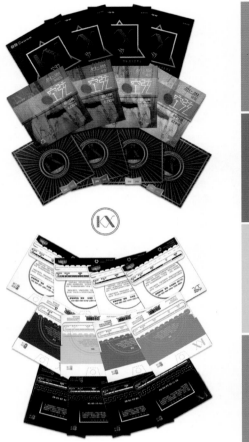

图　6-121

图　6-122

图　6-123

 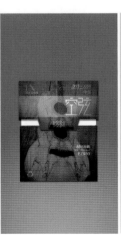 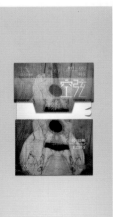 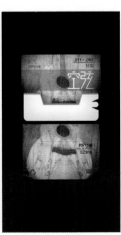

图　6-124

图 6-125

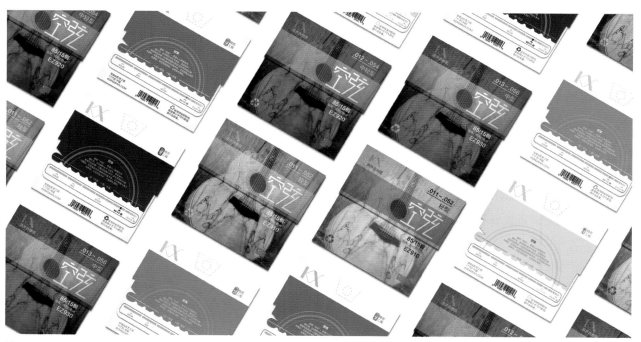

图 6-126

■**课程作业：**完成品牌标志设计、字体设计、产品辅助图形设计、平面展开图设计。

（1）视觉设计必须原创，需要时能提供设计素材原型，发现抄袭，按不及格处理。

（2）包装设计风格统一，能够让人感受是同一品牌的产品。

（3）包装产品信息传达清晰、完整，并且能让人快速感知产品属性。

（4）题材新颖，具有创意和美感。

参 考 文 献

[1] 叶梅主 . 外贸商品学教程 [M]. 北京：中国商务出版社，2005.

[2] 贺娟，刘玉娟 . 饮食宜忌一点通 [M]. 青岛：青岛出版社，2012.

[3] 吴慧 . 中国商业通史简编 [M]. 北京：中国商业出版社，2015.

[4] 故宫博物院 . 清代宫廷包装艺术 [M]. 北京：紫禁城出版社，2000.

[5] 戴力农 . 设计调研 [M]. 2 版 . 北京：电子工业出版社，2017.

[6] 和克智，曹利杰 . 纸包装容器结构设计及应用实例 [M]. 北京：文化发展出版社，2007.

[7] 那馨元 . 中国包装设计的自信 [D]. 北京：中国美术学院，2008.

参 考 网 站

[1] 物物交换，https://baike.baidu.com/item/%E7%89%A9%E7%89%A9%E4%BA%A4%E6%8D%A2%E5%BD%A2%E5%BC%8F/1266857.

[2] 榫卯结构，https://baike.baidu.com/item/%E6%A6%AB%E5%8D%AF%E7%BB%93%E6%9E%84/5187888?fr=aladdin.

[3] 六书，https://baike.baidu.com/item/ 六书 /7841?fr=aladdin.

[4] 美可特设计，http://www.victad.com.tw/.

附录　本书图片出处

图 1-1 和图 1-2：梁丽珠

图 1-3：麦秀敏

图 1-4 至图 1-7：陈冰彤

图 1-8 至图 1-10：萧彩钻

图 1-11 和图 1-12：陈黄铭

图 1-13 至图 1-15：林灏

图 1-16 至图 1-18：章煜

图 1-19 和图 1-20：郭浩斌

图 1-21 和图 1-22：文璎祺

图 1-23 和图 1-24：林绮雯

图 1-25 至图 1-30：http://young-package.com/

图 1-31 和图 1-32：http://www.victad.com.tw/

图 2-1：梁丽珠

图 2-2：英国摄影家 John Thomson

图 2-3 和图 2-4：梁丽珠

图 2-5 至图 2-7：故宫博物院编的《清代宫廷包装艺术》

图 2-8：https://baike.baidu.com/item/%E8%9E%83%E8%9F%B9/395

图 2-9：梁丽珠拍摄的广州趣香饼

图 2-10：故宫博物院编的《清代宫廷包装艺术》

图 2-11：梁丽珠拍摄的汕头葫芦茶

图 2-12：梁丽珠拍摄的广东高州传统食品

图 2-13：故宫博物院编的《清代宫廷包装艺术》

图 2-14：http://www.huaxia.com/zhwh/gjzt/2011/02/2290041.html

图 2-15：南方都市报，http://epaper.oeeee.com/

图 2-16：梁丽珠拍摄的潮汕地区的陈雪颜盒仔茶

图 3-1：http://co-partnership.com/project/salvador

图 3-2：http://www.gardens-co.com/index.php?/ongoing/i-coffee-lovers-newsi/

图 3-3：http://www.helloblanc.com/7215.html

图 3-4：http://www.partly-sunny.com/bluebeard-coffee-roasters.html

图 3-5：https://www.comebackstudio.com/portfolio/notio-premium-greek-extra-virgin-olive-oil/

图 3-6：https://www.bobstudio.gr/work/eleia-olive-oil-packaging/

图 3-7：http://www.brief-studio.com/filter/all/Orazio-s-Brand-Identity#Orazio-s-Brand-Identity

图 3-8：http://www.gbxstudio.com/projects/elisirditrabia/

图 3-9 至图 3-20：http://www.poluoluo.com/xinshang/HTML/516239.html

图 3-21 至图 3-24：http://www.tooopen.com/work/view/36561.html

图 3-25 至图 3-28：http://www.3visual3.com/bzsj/2013071618164.html

图 3-29 至图 3-32：http://www.ccdol.com/sheji/baozhuang/23632.html

图 3-33 至图 3-36：http://www.3visual3.com/bzsj/2015090123690.html

图 3-37 至图 3-41：http://s.pkg.cn/00022/22074.htm

图 3-42 至图 3-46：http://www.cndesign.com/opus/147a7fe4-030c-42ef-8a9f-a71300b3b2a4.html

图 4-1 和图 4-2：杨钰莹

图 4-3 和图 4-4：单钻芬

图 4-5 至图 4-13：http://young-package.com/

图 4-14：http://www.gyprint.com/3g/display.asp?id=711

图 4-15 和图 4-16：http://blog.sina.com.cn/s/blog_641343bc0102wags.html

图 4-17：http://young-package.com/

图 4-18 至图 4-22：付海

图 4-23 至图 4-28：陈冰彤

图 4-29 和图 4-30：梁康樱

图 4-31 至图 4-36：潘远青

图 4-37 至图 4-42：黄成文

图 4-43 至图 4-49：谭宇盈

图 4-50 至图 4-54：许鸿恒

图 4-55 至图 4-59：何海欣

图 4-60 至图 4-65：林梅

图 4-66 至图 4-78：黎玉华

图 4-79 至图 4-81：http://www.thedieline.com/blog/2012/6/25/the-dieline-awards-2012-winners.html

图 4-82：梁丽珠拍摄的凤凰古城竹筒酒

图 4-83 至图 4-88：丁肖盈

图 4-89 至图 4-94：陈冰彤

图 5-1、图 5-3 和图 5-51：和克智、曹利杰编著的《纸包装容器结构设计及应用实例》

图 6-1：https://www.baidu.com/link?url=eceBR2cv6zLyNgXHgZZK3ngpjnAGM2cyI8MVZMRcPsO&wd=&eqid=d2477ad5000358b0000000065a9ca4de

图 6-2：https://www.unilever.com.cn/brands/?category=408118

图 6-3：https://detail.youzan.com/show/goods?alias=pmfjf09u

图 6-4：http://yao.xywy.com/

图 6-5：刁勇梁

图 6-6 至图 6-9：https://archatelier.net/

图 6-10：钟粤妙

图 6-11：林少萍

图 6-12 和图 6-13：蔡靖怡

图 6-14 和图 6-15：林西利著的《汉字王国》

图 6-16：文璎祺

图 6-17：戴文锋

图 6-18：http://www.th7.cn/Design/vi/201502/443805.shtml

图 6-19 和图 6-20：林绮雯

图 6-21：马曼彤

图 6-22：孙锦璇

图 6-23 和图 6-24：郑永灿

图 6-25 和图 6-26：https://www.wendangwang.com/doc/39d7703b333b95c371dfd46f/2

图 6-27：http://m.u69cn.com/info/c/152321.html

图 6-28：https://www.25pp.com/ios/detail_685767/

图 6-29：https://www.amazon.cn/%E6%A4%8B%E7%86%B7%E6%90%A7/dp/B003OA3WVM

图 6-30 至图 6-34：鲁昱彤

图 6-35 和图 6-36：http://mp.weixin.qq.com/s?__biz=MzA4OTMyMjgzNw==&mid=400985195&idx=3&sn=
ec385eb2a593461077d6f7aaf02892a8

图 6-37 至图 6-46：http://www.victad.com.tw/

图 6-47 至图 6-50：罗淑韵

图 6-51 至图 6-53：钟粤妙

图 6-54 至图 6-56：https://www.dezeen.com/2012/08/27/fish-packaging-by-postlerferguson/

图 6-57 至图 6-59：郑永灿

图 6-60 至图 6-62：http://www.victad.com.tw/

图 6-63 和图 6-64：郑永灿

图 6-65 至图 6-67：罗淑韵

图 6-68 至图 6-75：林永鹏

图 6-76 至图 6-79：http://www.victad.com.tw/

图 6-80 至图 6-90：林莎莎

图 6-91 至图 6-111：黄颖燕

图 6-112 至图 6-118：骆紫欣

图 6-119 至图 6-126：薛鹏飞